平成３１年

農業構造動態調査報告書

（併載：新規就農者調査結果（平成30年））

大臣官房統計部

令和元年１２月

農林水産省

目　　　次

第1部　農業構造動態調査

第2部　新規就農者調査（平成30年）

Ⅱ 統計表

付　調査票

　　　農業構造動態調査票（家族経営体）

　　　農業構造動態調査票（組織経営体）

　　　新規就農者調査　就業状態調査票

　　　新規就農者調査　新規雇用者調査票

　　　新規就農者調査　新規参入者調査票

第1部　農業構造動態調査

利 用 者 の た め に

1 調査の目的
　農業構造動態調査（以下第1部において「調査」という。）は、農業構造を取り巻く諸情勢が著しく変化する中で、5年ごとに実施する農林業センサス実施年以外の年の農業構造の実態及びその変化を明らかにするため、農業生産構造、就業構造に関する基本的事項を把握し、農政の企画・立案、推進等に必要な資料を整備することを目的とする。

2 調査の根拠
　調査は、統計法（平成19年法律第53号）第19条第1項に基づく総務大臣の承認を受けて実施した一般統計調査である。

3 調査機構
　調査は、農林水産省大臣官房統計部及び地方組織を通じて実施した。

4 調査の体系

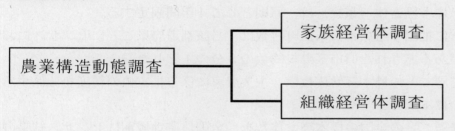

5 調査の対象
　調査は、規定に該当する全ての農業経営体（13　用語の解説「農業経営体」参照）を調査の対象とし、農業経営体を「家族経営体」と「組織経営体」に区分して行った。

6 調査期日
平成31年2月1日現在

7 調査事項
（1）　家族経営体調査
　　ア　経営体の概要
　　イ　土地に関する事項
　　ウ　世帯に関する事項
　　エ　農業労働力に関する事項
　　オ　農産物の販売に関する事項
　　カ　農作業の受託に関する事項

（2）　組織経営体調査

ア　経営体の概要
　　イ　土地に関する事項
　　ウ　農業労働力に関する事項
　　エ　農産物の販売に関する事項
　　オ　農作業の受託に関する事項

8　調査方法

（1）標本抽出の方法

　ア　家族経営体調査

　　　家族経営体は、標本調査により行うこととし、2015年農林業センサス（以下第1部において「センサス」という。）結果に基づいて作成した母集団名簿（以下第1部において「母集団名簿」という。）から標本抽出した。

　　　標本抽出は、都道府県ごとに第1次抽出単位を昭和25年2月1日現在における市区町村（以下「旧市区町村」という。）、第2次抽出単位を旧市区町村内に所在する家族経営体とし、その抽出した家族経営体（以下「標本経営体（家族）という。）の全体を主副業別及び農業経営組織別に階層区分する層化2段抽出法により行った。

　　　なお、抽出した標本経営体（家族）は、原則として4年間固定する。

　　（ア）都道府県ごとに抽出する標本旧市区町村数は、当該都道府県ごとにセンサスにおいて家族経営体があるとされた旧市区町村総数の3分の1とした。

　　（イ）主副業別の階層ごとの標本経営体数は、主業農家に係る推定値の精度を確保するため、主業階層の標本配分を厚くした。

　　（ウ）主副業別の階層ごとの全国の標本経営体数を、全国農業地域別にセンサス結果の経営体数に比例して配分し、さらに、全国農業地域ごとの農業経営組織別経営体数の平方根に比例して農業経営組織別に配分した。

　　（エ）（ウ）で配分した階層別（主副業別及び農業経営組織別）の全国農業地域別標本経営体数を、都道府県別にその母集団経営体数に比例して配分した。

　　（オ）1次抽出及び2次抽出は、都道府県別階層別に系統抽出法により行った。

　イ　組織経営体調査

　　　組織経営体は、農産物の生産を行う組織経営体と農作業の受託のみを行う組織経営体に区分して、それぞれを母集団名簿から標本抽出した。

　　　標本抽出は、都道府県ごとに母集団を経営形態別（農事組合法人、会社法人、各種団体、非法人）に層化する層化系統抽出法により行った。

　　　なお、新設組織経営体の母集団については、前年度までに情報収集により把握した新設組織経営体を用いて標本抽出を行った。

　　　抽出方法は、把握した新設組織経営体の組織属性を把握していないことから層化せず都道府県ごとに系統抽出法により行った。

　　　抽出した標本経営体（組織）は原則として4年間（新設組織経営体の場合は選定年次により3年間又は2年間継続、4年目に選定した組織経営体は1年間）固定する。

　　（ア）農産物の生産を行う組織経営体

全国の標本経営体（組織）数を経営形態別（農事組合法人、会社法人、各種団体、非法人）の４つの階層別並びに都道府県別にその母集団組織経営体数に比例して配分した。

　（イ）　農作業の受託のみを行う組織経営体

　　　　全国の標本経営体（組織）数を経営形態別（農事組合法人、会社法人、各種団体、非法人）の４つの階層別並びに都道府県別にその母集団組織経営体数に比例して配分した。

(2)　調査の実施
　ア　家族経営体
　　　調査は、統計調査員が、標本経営体（家族）に調査票を配布・回収又はオンライン調査による回収のいずれかによる自計調査による実施を基本とし、調査対象者から申し出があった場合には統計調査員による面接調査の併用により実施した。

　イ　組織経営体
　　　調査は、標本経営体（組織）に調査票を郵送により配布し、郵送又はオンライン調査により回収する自計調査により実施した。

9　調査対象経営体数及び回収率

区分	調査対象経営体数	有効回収数	回収率
家族経営体	33,000経営体	32,302経営体	97.9%
組織経営体	10,989経営体	8,803経営体	80.1%

10　集計方法
　本調査の集計は、農林水産省大臣官房統計部において行った。
　集計は、次の(1)～(3)について、それぞれ全国、全国農業地域別又は都道府県別に行った。
(1)　農業経営体
　農業経営体の値は、家族経営体の推定値と組織経営体の推定値を合算した。

(2)　家族経営体
　集計区分ごと及び推定対象項目ごとに、次の推定式により推定した（表１参照）。
　〈　推定式　〉

$$X = \sum_{i=1}^{L} \frac{\sum_{j=1}^{ni} x_{ij}}{\sum_{j=1}^{ni} y_{ij}} Y_i$$

　X　・・・　集計区分ごとの推定対象項目に係る全国値、全国農業地域ごとの合計値
　　　　　　又は都道府県計値の推定値
　L　・・・　階層の数（33階層、主副業別（３階層）×農業経営組織別（11階層））
　ni　・・・　第 i 階層の標本数
　xij　・・・　第 i 階層第 j 番目の標本経営体の集計区分及び推定対象項目に対応する

調査結果値

y_{ij}・・・ 第i階層第j番目の標本経営体の集計区分及び推定対象項目に対応する
センサス結果値

Y_i・・・ 当該集計区分及び推定対象項目に係るセンサス結果による第i階層の当
該全国値、当該全国農業地域の合計値又は当該都道府県計値

　　ここで、x_{ij}及びy_{ij}については、当該推定対象項目が経営体数に係る項目である場
合には、当該標本経営体が当該集計区分に属するときは「1」、その他のときは「0」
とし、当該推定対象項目が経営体数以外の項目である場合には、当該標本経営体が当該
集計区分に属するときは当該標本経営体に係る当該項目の値、その他のときは「0」と
する（(3)についても同様）。

(3)　組織経営体

　ア　集計区分ごと及び推定対象項目ごとに、次の推定式により推定した（表2参照）。

　〈　推定式　〉

$$
X = \sum_{i=1}^{L} \frac{\displaystyle\sum_{j=1}^{ni} x_{ij}}{\displaystyle\sum_{j=1}^{ni} y_{ij}} Y_i + \sum_{i=1}^{L} \left(\frac{M}{\displaystyle\sum_{i=1}^{L} mi} \sum_{k=1}^{mi} Z_{ik} \right)
$$

X　・・・　集計区分ごとの推定対象項目に係る全国値又は全国農業地域ごとの合計
値の推定値

L　・・・　階層の数（4階層、経営形態別（農事組合法人、会社、各種団体等、非
法人））

ni・・・　第i階層の標本数

x_{ij}・・・　第i階層第j番目の標本経営体の集計区分及び推定対象項目に対応する
項目に係る調査結果値

y_{ij}・・・　第i階層第j番目の標本経営体の集計区分及び推定対象項目に対応する
項目に係るセンサス結果値

Y_i　・・・　当該集計区分及び推定対象項目に係るセンサス結果による第i階層の当
該全国値又は当該全国農業地域の合計値

Z_{ik}・・・　第i階層第k番目の標本（前年までの）新規組織経営体のxの値

M　・・・　前年までの新規組織経営体数

mi・・・　第i階層の標本（前年までの）新規組織経営体数

　イ　標本による推定値に、市区町村、農業委員会、農業協同組合等からの情報により把握
した過去1年間の新設組織経営体数を加えた。新設組織経営体については、その組織属
性までは把握できていないため、調査事項はその実態を踏まえ農産物の生産を行う組織
経営体の推定値により配分した。

表1 家族経営体における推定対象項目

推定対象項目		対応する調査結果値及びセンサス結果値
経営体数		家族経営体に該当する場合1、他の場合0
販売農家	農家数（主副業別、経営耕地面積規模別、農業経営組織別、専兼業別、農産物販売金額規模別等）	販売農家で各区分に該当する場合1、他の場合0
	経営耕地面積（田、畑、樹園地別）	販売農家に該当する場合経営耕地面積（田、畑、樹園地別）、他の場合0
	耕作放棄地面積（田、畑、樹園地別）	販売農家に該当する場合耕作放棄地面積（田、畑、樹園地別）、他の場合0
	借入耕地面積（田、畑、樹園地別）	販売農家に該当する場合借入耕地面積（田、畑、樹園地別）、他の場合0
	世帯員数（男女別）	販売農家に該当する場合各世帯員数（男女別）、他の場合0

表 2　組織経営体における推定対象項目

推定対象項目		対応する調査結果値及びセンサス結果値
農産物の生産を行う組織経営体	経営体数	農産物の生産を行う組織経営体の場合1、他の場合0
	土地面積（田、畑、樹園地別）	農産物の生産を行う組織経営体の場合土地面積（田、畑、樹園地別）、他の場合0
	農産物出荷先別の経営体数	農産物の生産を行う組織経営体で該当する農産物出荷先に出荷している場合1、他の場合0
	受託作業種類別の経営体数	農産物の生産を行う組織経営体で該当する種類の作業を受託している場合1、他の場合0
	事業収入区分別経営体数（受託料金、販売金額の別）	農産物の生産を行う組織経営体で事業収入（受託料金、販売金額の別）が該当する区分に対応している場合1、他の場合0
農作業の受託のみを行う組織経営体	経営体数	農作業の受託のみを行う組織経営体の場合1、他の場合0
	受託作業種類別の経営体数	農作業の受託のみを行う組織経営体で該当する種類の作業を受託している場合1、他の場合0
	受託料金区分別の経営体数	農作業の受託のみを行う組織経営体で受託料金収入が該当する区分に対応している場合1、他の場合0

11 実績精度

　農業経営組織別の家族経営体数計、組織経営体数計及び販売農家数計についての実績精度を標準誤差率（％）（標準誤差の推定値÷推定値×100）により示すと、次のとおりである。

家族経営体　　　　　　　　　　　　　　　　　　　　　　　　　単位：％

計	稲作	畑作	露地野菜	施設野菜	果樹類	酪農	肉用牛	その他	複合経営
0.7	1.5	2.8	1.9	1.6	1.6	3.1	2.8	3.0	1.2

組織経営体　　　　　　　　　　　　　　　　　　　　　　　　　単位：％

計	稲作	畑作	露地野菜	施設野菜	果樹類	酪農	肉用牛	その他	複合経営
0.4	0.4	1.4	2.9	1.6	2.4	3.3	2.1	1.1	0.7

販売農家　　　　　　　　　　　　　　　　　　　　　　　　　　単位：％

計	稲作	畑作	露地野菜	施設野菜	果樹類	酪農	肉用牛	その他	複合経営
0.8	1.6	2.8	1.9	1.6	1.6	3.1	2.8	3.0	1.2

12 統計の表章範囲

　本書に掲載した全国農業地域及び地方農政局の区分は、次のとおりである。

（1）　全国農業地域とその範囲

全国農業地域名	所　属　都　道　府　県　名
北　海　道	北海道
東　　　北	青森、岩手、宮城、秋田、山形、福島
北　　　陸	新潟、富山、石川、福井
関 東・東 山	茨城、栃木、群馬、埼玉、千葉、東京、神奈川、山梨、長野
東　　　海	岐阜、静岡、愛知、三重
近　　　畿	滋賀、京都、大阪、兵庫、奈良、和歌山
中　　　国	鳥取、島根、岡山、広島、山口
四　　　国	徳島、香川、愛媛、高知
九　　　州	福岡、佐賀、長崎、熊本、大分、宮崎、鹿児島
沖　　　縄	沖縄

　注：沖縄については、全国値及び都府県値に含むが地域別の表章はしていない。

－7－

(2)　地方農政局とその範囲

地方農政局名	所　属　都　道　府　県　名
関　東　農　政　局 東　海　農　政　局 中国四国農政局	茨城、栃木、群馬、埼玉、千葉、東京、神奈川、山梨、長野、静岡 岐阜、愛知、三重 鳥取、島根、岡山、広島、山口、徳島、香川、愛媛、高知

　　　注：　上記以外の地方農政局（東北、北陸、近畿及び九州）の範囲については、全国農業
　　　　　　地域区分における各地域の結果と同じであることから、表章は行っていない。

13　用語の解説

農業経営体　　　農産物の生産を行うか又は委託を受けて農作業を行い、生産又は作業
　　　　　　　に係る面積・頭数が、次の規定のいずれかに該当する事業を行う者をい
　　　　　　　う。
　　　　　　　　ア　経営耕地面積が30 a 以上の規模の農業
　　　　　　　　イ　農作物の作付面積又は栽培面積、家畜の飼養頭羽数又は出荷羽
　　　　　　　　　数、その他の事業の規模が次の農業経営体の外形基準以上の規模の
　　　　　　　　　農業
　　　　　　　　　①露地野菜作付面積　　　　　　　15 a
　　　　　　　　　②施設野菜栽培面積　　　　　　　350 ㎡
　　　　　　　　　③果樹栽培面積　　　　　　　　　10 a
　　　　　　　　　④露地花き栽培面積　　　　　　　10 a
　　　　　　　　　⑤施設花き栽培面積　　　　　　　250 ㎡
　　　　　　　　　⑥搾乳牛飼養頭数　　　　　　　　1 頭
　　　　　　　　　⑦肥育牛飼養頭数　　　　　　　　1 頭
　　　　　　　　　⑧豚飼養頭数　　　　　　　　　　15 頭
　　　　　　　　　⑨採卵鶏飼養羽数　　　　　　　　150 羽
　　　　　　　　　⑩ブロイラー年間出荷羽数　　　1,000 羽
　　　　　　　　　⑪その他　　　　　　　　　　　　調査期日前1年間における農業
　　　　　　　　　　　　　　　　　　　　　　　　　生産物の総販売額50万円に相当
　　　　　　　　　　　　　　　　　　　　　　　　　する事業の規模
　　　　　　　　ウ　農作業の受託の事業

家族経営体　　　1世帯（雇用者の有無は問わない。）で事業を行う者をいう。
　　　　　　　なお、農家が法人化した形態である一戸一法人を含む。

組織経営体　　　世帯で事業を行わない者（家族経営体でない経営体）をいう。

農産物の生
産を行う組
織経営体　　　　組織経営体のうち、農産物の生産のみを行うか、農産物の生産及び農
　　　　　　　作業の受託を行う組織経営体をいう。

農作業の受託のみを行う組織経営体	組織経営体のうち、農作業の受託のみを行う組織経営体をいう。
販売農家	経営耕地面積が30ａ以上又は調査期日前１年間における農産物販売金額が50万円以上の規模の農業を行う世帯をいう。
法人化している（法人経営体）	農業経営体のうち、法人化して事業を行う者をいう。法人とは、法人格を認められている者が事業を経営している場合をいう。
農事組合法人	農業協同組合法（昭和22年法律第132号）に基づき農業生産について協業を図ることにより、共同の利益を増進することを目的として設立された法人をいう。
会社	会社法（平成17年法律第86号）に基づき、株式会社、合名会社、合資会社又は合同会社の組織形態をとっているものをいう。なお、会社法の施行に伴う関係法律の整備等に関する法律（平成17年法律第87号）に定める特例有限会社の組織形態をとっているものを含む。
各種団体	農協（農業協同組合法に基づく農業協同組合、農協の連合組織（経済連等）を含む。）、その他の各種団体をいう。 　その他の各種団体とは、農業災害補償法（昭和22年法律第185号）に基づく農業共済組合や農業関係団体、又は森林組合、森林組合以外の組合、愛林組合、林業研究グループ等の団体をいう。林業公社（第３セクター）もここに含む。
その他の法人	農事組合法人、会社及び各種団体以外の法人で、特例民法法人、一般社団法人、一般財団法人、宗教法人、医療法人などが該当する。
経営耕地	調査期日現在で農業経営体が経営している耕地をいい、自家で所有し耕作している耕地（自作地）と、よそから借りて耕作している耕地（借入耕地）の合計である。土地台帳の地目や面積に関係なく、実際の地目別の面積とした。 　経営耕地＝所有地（田、畑、樹園地）－貸付耕地－耕作放棄地＋借入耕地
田	耕地のうち、水をたたえるためのけい畔のある土地をいう。 　「水をたたえる」ということは、人工かんがいによるものだけではなく、自然に耕地がかんがいされるようなものも含む。したがって、天水田、湧水田なども田とした。 　(1)　陸田（もとは畑であったが、現在はけい畔を作り水をたたえるようにしてある土地やたん水のためビニールを張り水稲を作っている土地）も田とした。 　(2)　ただし、もとは田であってけい畔が残っていても、果樹・桑・

茶など永年性の木本性周年植物を栽培している耕地は田とせず樹園地とした。また、同様にさとうきびを栽培していれば普通畑とした。

なお、水をたたえるためのけい畔を作らず畑地にかんがいしている土地は、たとえ水稲を作っていても畑とした。

畑	耕地のうち田と樹園地を除いた耕地をいう。
樹 園 地	木本性周年作物を規則的又は連続的に栽培している土地で果樹、茶、桑などが１ a 以上まとまっているもの（一定の畦幅及び株間を持ち、前後左右に連続して栽培されていることをいう。）で肥培管理している土地をいう。 花木類などを５年以上栽培している土地もここに含む。 樹園地に間作している場合は、利用面積により普通畑と樹園地に分けて計上した。
借 入 耕 地	他人から耕作を目的に借り入れている耕地をいう。
販売目的の水稲	販売を目的で作付けした水稲であり、自給用のみを作付けした場合は含まない。 また、販売目的で作付けしたものを、たまたま一部自給向けにしたものは含む。
雇 用 者	雇用者は、農業経営のために雇った「常雇い」及び「臨時雇い」（手間替え・ゆい（労働交換）、手伝い（金品の授受を伴わない無償の受け入れ労働）を含む。）の合計をいう。
常 雇 い	主として農業経営のために雇った人で、雇用契約（口頭の契約でもかまわない。）に際し、あらかじめ７か月以上の期間を定めて雇った人のことをいう。
臨 時 雇 い	日雇、季節雇いなど農業経営のために臨時雇いした人で、手間替え・ゆい（労働交換）、手伝い（金品の授受を伴わない無償の受け入れ労働）を含む。 なお、農作業を委託した場合の労働は含まない。 また、主に農業経営以外の仕事のために雇っている人が農繁期などに農業経営のための農作業に従事した場合や、７か月以上の契約で雇った人がそれ未満で辞めた場合を含む。
農 作 業 の 受 託	自分の持っている機械（借入れを含む。）を使ってよその農作業を個人的に請け負ったものと、複数の農家の組織活動として請け負ったものの両方を含む。
単 一 経 営	農産物販売金額のうち、主位部門（稲作、畑作、露地野菜、施設野菜、果樹類、酪農、肉用牛、その他）の販売金額が８割以上の経営体又は販売農家をいう。
複 合 経 営	準単一複合経営（農産物販売金額のうち、主位部門の販売金額が６割

以上8割未満の経営体又は販売農家をいう。）及び複合経営（農産物販売金額のうち、主位部門の販売金額が6割未満の経営体又は販売農家をいう。）を合わせた経営体又は販売農家とした。

主 業 農 家	農業所得が主（農家所得の50%以上が農業所得）で、調査期日前1年間に60日以上自営農業に従事している65歳未満の世帯員がいる農家をいう。
準 主 業 農 家	農外所得が主（農家所得の50%未満が農業所得）で、調査期日前1年間に60日以上自営農業に従事している65歳未満の世帯員がいる農家をいう。
副 業 的 農 家	調査期日前1年間に60日以上自営農業に従事している65歳未満の世帯員がいない農家（主業農家及び準主業農家以外の農家）をいう。
専 業 農 家	世帯員の中に兼業従事者（調査期日前1年間に他に雇用されて仕事に従事した者又は農業以外の自営業に従事した者）が1人もいない農家をいう。
兼 業 農 家	世帯員の中に兼業従事者が1人以上いる農家をいう。
第1種兼業農家	農業所得を主とする兼業農家をいう。
第2種兼業農家	農業所得を従とする兼業農家をいう。
世 帯 員	原則として住居と生計を共にしている者をいう。出稼ぎに出ている人は含むが、通学や就職のためよそに住んでいる子弟は除く。 また、住み込みの雇人も除く。
農 業 従 事 者	15歳以上の世帯員のうち、調査期日前1年間に1日以上自営農業に従事した者をいう。
農 業 就 業 人 口	自営農業に従事した世帯員（農業従事者）のうち、調査期日前1年間に自営農業のみに従事した者、農業とそれ以外の仕事の両方に従事した者のうち自営農業が主の人口をいう。
基幹的農業従事者	農業就業人口（自営農業に主として従事した世帯員）のうち、ふだん仕事として主に自営農業に従事している者をいう。
農 業 専 従 者	調査期日前1年間に自営農業に150日以上従事した者をいう。

（参考）　世帯員の就業状態区分

		仕事への従事状況				
		自営農業のみに従事	自営農業とその他の仕事の両方に従事		その他の仕事のみに従事	仕事に従事しなかった
			自営農業が主	その他の仕事が主		
ふだんの主な状態	主に仕事		基幹的農業従事者			
	主に家事や育児		農業就業人口		農業従事者	
	その他					

14　東日本大震災の影響による対応

　本調査の母集団としているセンサスにおいて、東京電力福島第1原子力発電所の事故による避難指示区域（平成26年4月1日時点の避難指示区域であり、福島県楢葉町、富岡町、大熊町、双葉町、浪江町、葛尾村及び飯舘村の全域並びに南相馬市、川俣町及び川内村の一部地域）内について、調査を実施できなかったため、本調査の結果には当該区域は含まない。

15　利用上の注意

（1）　調査について

　本調査は農林業センサス実施年以外の年における農業構造の年次的動向を把握するために行う調査であるが、農林業センサスが全数調査であるのに対し、本調査は標本調査であるため、農林業センサス結果と本調査の結果を直接比較する際には留意する必要がある。

　特に、全国農業地域別及び都道府県別の統計表においては、一部の表章項目について、集計対象者数が極めて少ないことから相当程度の誤差を含んだ値となっており、結果の利用にあたっては留意する必要がある。

　また、推定式に基づき集計区分ごと及び推定対象項目ごとに推定した結果であるため、項目間の結果を比較する際には留意する必要がある。

（2）　統計の表示について

　ア　数値の四捨五入について

　　統計表の数値については、推定値の原数を10の位を四捨五入して表示したため、合計値と内訳の計が一致しない場合がある。

　イ　表中に使用した記号は、次のとおりである。

　　「0.0」：単位未満のもの（例　0.04千戸→0.0千戸）

　　「－」：事実のないもの

　　　　　「…」：事実不詳又は調査を欠くもの
　　　　　「△」：負数又は減少したもの
　　　　　「nc」：計算不能

(3)　この報告書に掲載された数値を他に転載する場合は、「平成31年農業構造動態調査」（農林水産省）による旨を記載してください。

(4)　本統計の累年データについては、農林水産省ホームページ「統計情報」の分野別分類「農家数、担い手、農地など」の「農業構造動態調査」で御覧いただけます。
　　【http://www.maff.go.jp/j/tokei/kouhyou/noukou/index.html#1】
　　なお、統計データ等に訂正等があった場合には、同ホームページに正誤表とともに修正後の統計表等を掲載します。

16　お問合せ先
農林水産省大臣官房統計部経営・構造統計課センサス統計室農林漁業構造統計班
　　電　話：（代表）０３－３５０２－８１１１（内線３６６４）
　　　　　　（直通）０３－３５０２－８０９３
　　ＦＡＸ：　　　０３－５５１１－７２８２

※　本調査に関するご意見・ご要望は、「16　お問合せ先」のほか、農林水産省ホームページでも受け付けております。
　　【 https://www.contactus.maff.go.jp/j/form/tokei/kikaku/160815.html 】

I 調査結果の概要

1 農業経営体
（1） 農業経営体数

全国の農業経営体数は118万8,800経営体で、前年に比べ2.6%減少した。

このうち、組織経営体数は3万6,000経営体で、前年に比べ1.4%増加し、また、農産物の生産を行う法人組織経営体数は2万3,400経営体で、前年に比べ3.1%増加した。

表1 農業経営体数（全国）

単位：千経営体

区　分	農　業 経営体 ①＋②	家　族 経営体 ①	組　織 経営体 ②	1)農産物の生産 を行う法人組織 経営体
平成27年	1,377.3	1,344.3	33.0	18.9
28	1,318.4	1,284.4	34.0	20.8
29	1,258.0	1,223.1	34.9	21.8
30	1,220.5	1,185.0	35.5	22.7
31	1,188.8	1,152.8	36.0	23.4
増減率(%) 平成31年/30年	△2.6	△2.7	1.4	3.1

注： 平成27年値は2015年農林業センサス結果であり、その結果の下2桁を四捨五入して表示している（以下同じ。）。

　　　1)は、「農産物の生産のみを行う法人組織経営体」及び「農産物の生産と農作業の受託を行う法人組織経営体」である。

（2） 経営耕地面積階層別カバー率（構成比）

経営耕地面積階層別のカバー率（構成比）は、10〜20haの階層は11.1%で、前年の10.5%から0.6ポイント増加し、20〜30haの階層は8.5%で、前年の8.3%から0.2ポイント増加した。

また、経営耕地面積のカバー率（構成比）を上位階層からの累積でみると、10ha以上で53.3%を占め、前年の52.7%に比べ0.6ポイント増加した。

> 注： 経営耕地面積階層別カバー率（構成比）とは、経営耕地面積を、農業経営体が経営する耕地の面積の階層別に区分し、階層ごとに経営耕地面積を合計したものの、経営耕地面積全体に対するカバー率（構成比）である。

図1 経営耕地面積階層別カバー率（構成比）
【経営耕地面積ベース】（全国）

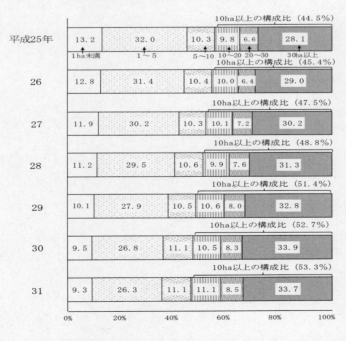

注： 表示単位未満を四捨五入しているため、合計値と
　　　内訳の計が一致しない場合がある（以下の図表に同じ。）。

表2 経営耕地面積の上位階層からの累積（全国）

単位：千ha

区分		1ha未満を含む合計	1ha以上	5ha以上	10ha以上	20ha以上	30ha以上
平成25年	経営耕地面積	3,585.1	3,111.2	1,963.6	1,594.3	1,241.4	1,006.1
	構成比（％）	(100.0)	(86.8)	(54.8)	(44.5)	(34.7)	(28.1)
26	経営耕地面積	3,574.8	3,116.4	1,992.5	1,622.3	1,264.7	1,037.5
	構成比（％）	(100.0)	(87.2)	(55.8)	(45.4)	(35.4)	(29.0)
27	経営耕地面積	3,451.4	3,040.4	1,997.6	1,642.8	1,293.0	1,043.5
	構成比（％）	(100.0)	(88.0)	(57.8)	(47.5)	(37.4)	(30.2)
28	経営耕地面積	3,564.8	3,165.9	2,115.6	1,738.4	1,384.7	1,115.3
	構成比（％）	(100.0)	(88.9)	(59.4)	(48.8)	(38.9)	(31.3)
29	経営耕地面積	3,573.5	3,211.9	2,214.5	1,839.9	1,460.7	1,173.6
	構成比（％）	(100.0)	(89.8)	(61.9)	(51.4)	(40.8)	(32.8)
30	経営耕地面積	3,593.0	3,252.5	2,289.8	1,891.3	1,515.5	1,217.8
	構成比（％）	(100.0)	(90.6)	(63.8)	(52.7)	(42.2)	(33.9)
31	経営耕地面積	3,531.6	3,204.1	2,273.8	1,882.6	1,489.4	1,188.5
	構成比（％）	(100.0)	(90.7)	(64.4)	(53.3)	(42.2)	(33.7)

(3) 全国農業地域別にみた農業経営体数

全国の農業経営体数は118万8,800経営体で、前年に比べ2.6％減少した。
このうち、組織経営体は3万6,000経営体で、前年に比べ1.4％増加した。こ
れを全国農業地域別にみると、東北で300経営体、近畿で200経営体増加して
いる。

表3 農業経営体数（全国農業地域別）

単位：千経営体

区分		全国	北海道	東北	北陸	関東・東山	東海	近畿	中国	四国	九州
農業経営体	平成30年	1,220.5	38.4	215.2	90.8	270.7	112.1	114.3	109.4	75.1	181.6
	31	1,188.8	37.7	209.7	86.7	263.8	109.8	110.5	107.0	73.5	177.5
家族経営体	平成30年	1,185.0	35.8	208.7	86.8	265.8	109.7	111.0	106.1	73.6	175.2
	31	1,152.8	35.1	202.9	82.7	258.8	107.4	107.0	103.6	71.9	171.2
組織経営体	平成30年	35.5	2.6	6.5	4.0	4.9	2.4	3.3	3.3	1.5	6.4
	31	36.0	2.6	6.8	4.0	5.0	2.4	3.5	3.4	1.6	6.3
増減率(％)											
農業経営体		△2.6	△1.8	△2.6	△4.5	△2.5	△2.1	△3.3	△2.2	△2.1	△2.3
家族経営体		△2.7	△2.0	△2.8	△4.7	△2.6	△2.1	△3.6	△2.4	△2.3	△2.3
組織経営体		1.4	0.0	4.6	0.0	2.0	0.0	6.1	3.0	6.7	△1.6

（4） 農産物の生産を行う法人組織経営体数

　　全国の農産物の生産を行う法人組織経営体数は２万3,400経営体で、前年に
比べ3.1％増加した。これを北海道及び都府県別にみると、北海道が1,900経
営体で前年並み、都府県が２万1,500経営体で、前年に比べ3.4％増加してい
る。

図２　農産物の生産を行う法人組織経営体数

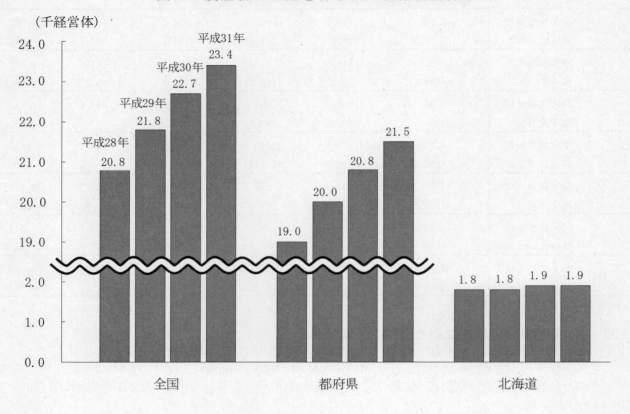

（5）　経営耕地面積規模別にみた農業経営体数の状況

　　経営耕地面積規模別に農業経営体数の増減をみると、前年に比べ10～20haの
階層で5.0％、20ha以上の階層で1.0％増加している。

図３　経営耕地面積規模別経営体数の対前年増減率（全国）

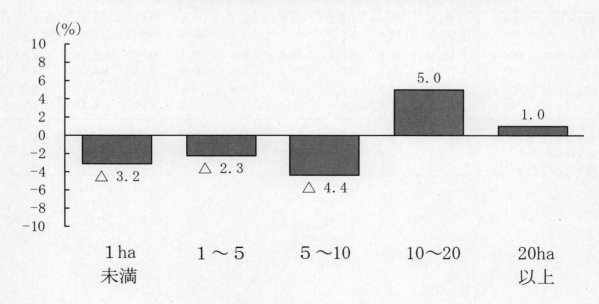

（6）　農産物販売金額規模別にみた農業経営体数の状況

　農産物販売金額規模別に農業経営体数をみると、前年に比べ5,000万円以上の階層で前年並み、その他の階層では減少している。

表4　農産物販売金額規模別農業経営体数（全国）

単位：千経営体

区　　分		計	100万円未満	100〜500	500〜1,000	1,000〜3,000	3,000〜5,000	5,000万円以上
農業経営体	平成30年	1,220.5	631.5	349.2	101.5	97.0	20.7	20.6
	31	1,188.8	610.0	340.9	100.7	96.3	20.3	20.6
	増減率（％）	△2.6	△3.4	△2.4	△0.8	△0.7	△1.9	0.0
構成比（％）農業経営体	平成30年	100.0	51.7	28.6	8.3	7.9	1.7	1.7
	31	100.0	51.3	28.7	8.5	8.1	1.7	1.7

（7）　農業経営組織別にみた農業経営体数の状況

　農業経営組織別に販売のあった農業経営体数の構成割合をみると、単一経営（主位部門の農産物販売金額が8割以上の経営体）が79.6%、複合経営が20.4%となっている。

図4　農業経営体数の構成割合（全国）

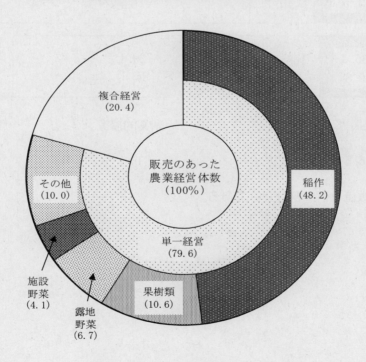

2 販売農家
主副業別にみた販売農家数の状況

販売農家数は113万100戸で、前年に比べ2.9%減少した。

これを主副業別にみると、1) 主業農家数は23万5,500戸で、前年に比べ6.5%減少、2) 準主業農家数は16万5,500戸で、前年に比べ11.9%減少、3) 副業的農家数は72万9,100戸で、前年に比べ0.6%増加している。

また、主副業別の構成割合をみると、主業農家が20.8%、準主業農家が14.6%、副業的農家が64.5%となっている。

図5　主副業別販売農家数と構成割合の推移（全国）

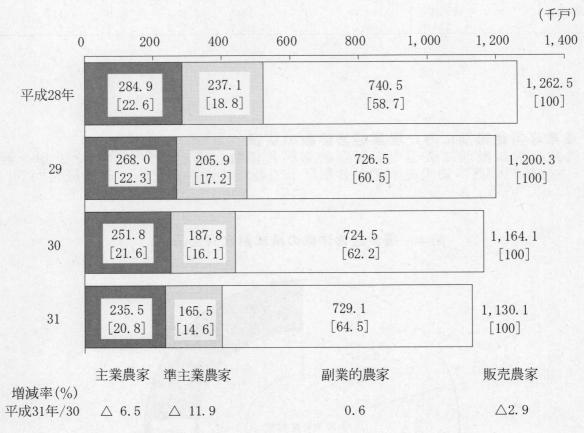

注：　[　]内の数値は構成割合(%)である。

3 労働力
(1) 基幹的農業従事者数

　販売農家の基幹的農業従事者（仕事として自営農業に主として従事した者）数は140万4,100人で、前年に比べ3.2％減少した。

　これを年齢階層別にみると、49歳以下は14万7,800人で、前年に比べ2.9％減少している。

表5　年齢別基幹的農業従事者数（全国）

単位：千人

区　分	計	49歳以下	29歳以下	30 ～ 39	40 ～ 49	50 ～ 59	60 ～ 69	70歳以上
平成30年	1,450.5	152.2	18.2	54.3	79.7	143.9	559.9	594.3
31	1,404.1	147.8	16.5	51.6	79.7	128.7	537.4	590.1
増減率（％）	△ 3.2	△ 2.9	△ 9.3	△ 5.0	0.0	△ 10.6	△ 4.0	△ 0.7
構成比（％）								
平成30年	100.0	10.5	1.3	3.7	5.5	9.9	38.6	41.0
31	100.0	10.5	1.2	3.7	5.7	9.2	38.3	42.0

(2) 雇用労働

　農業経営体の雇用者のうち、常雇い数は23万6,100人で、前年に比べ1.7％減少した。

　これを年齢階層別にみると、49歳以下は11万9,800人で、前年に比べ2.4％減少し、その構成割合は50.7％で前年に比べ0.4ポイント低下している。

表6　農業経営体の年齢別常雇い数（全国）

単位：千人

区　分	計	49歳以下	29歳以下	30 ～ 39	40 ～ 49	50 ～ 59	60 ～ 69	70歳以上
平成30年	240.2	122.8	36.6	43.8	42.4	38.3	53.8	25.3
31	236.1	119.8	36.0	43.6	40.2	38.3	50.0	28.1
増減率（％）	△ 1.7	△ 2.4	△ 1.6	△ 0.5	△ 5.2	0.0	△ 7.1	11.1
構成比（％）								
平成30年	100.0	51.1	15.2	18.2	17.7	15.9	22.4	10.5
31	100.0	50.7	15.2	18.5	17.0	16.2	21.2	11.9

図6　年齢別基幹的農業従事者数（販売農家）と常雇い数（農業経営体）の構成割合（全国）

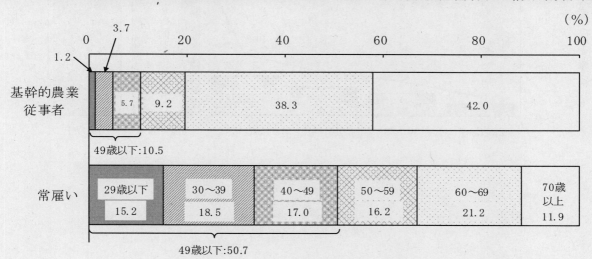

【参考】 年齢別基幹的農業従事者数（販売農家）及び常雇い数（農業経営体）（全国）

単位：千人

区　分	計	29歳以下	30〜39	40〜49	50〜59	60〜69	70歳以上
計	1,640.2	52.5	95.2	119.9	167.0	587.4	618.2
基幹的農業従事者（販売農家）	1,404.1	16.5	51.6	79.7	128.7	537.4	590.1
常雇い（農業経営体）	236.1	36.0	43.6	40.2	38.3	50.0	28.1
構成比(%)							
計	100.0	3.2	5.8	7.3	10.2	35.8	37.7
基幹的農業従事者（販売農家）	100.0	1.2	3.7	5.7	9.2	38.3	42.0
常雇い（農業経営体）	100.0	15.2	18.5	17.0	16.2	21.2	11.9

年齢別基幹的農業従事者数（販売農家）及び常雇い数（農業経営体）と年齢構成比（全国）

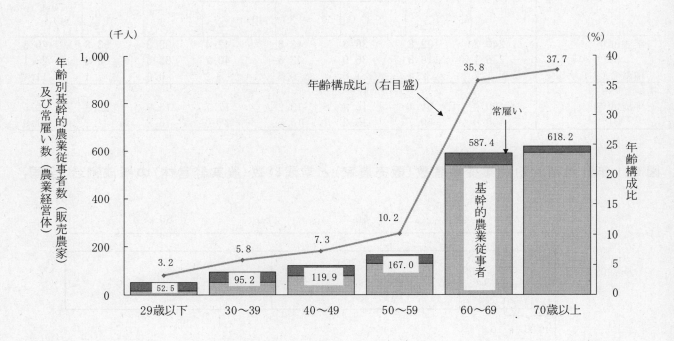

Ⅱ　統　計　表

1 農業経営体（全国農業地域別）

(1) 農業経営体数

単位：千経営体

全 国 農 業 地 域	農 業経営体	家 族経営体	組織経営体 計	1)農産物の生産を行う経営体	農作業の受託のみを行う経営体
全　　　　　　国	1,188.8	1,152.8	36.0	30.3	5.7
北　海　道	37.7	35.1	2.6	2.1	0.5
都　府　県	1,151.2	1,117.7	33.5	28.2	5.2
東　　　　北	209.7	202.9	6.8	5.5	1.3
北　　　　陸	86.7	82.7	4.0	3.5	0.5
関 東・東 山	263.8	258.8	5.0	4.4	0.6
東　　　　海	109.8	107.4	2.4	2.2	0.3
近　　　　畿	110.5	107.0	3.5	3.1	0.4
中　　　　国	107.0	103.6	3.4	2.9	0.5
四　　　　国	73.5	71.9	1.6	1.3	0.3
九　　　　州	177.5	171.2	6.3	5.0	1.3

注： 1)は、「農産物の生産のみを行う経営体」及び「農産物の生産と
農作業の受託を行う経営体」をいう。

(2) 経営耕地面積規模別経営体数

単位：千経営体

全 国 農 業 地 域	計	1)1.0ha未満	1.0〜5.0	5.0〜10.0	10.0〜20.0	20.0〜30.0	30.0ha以上 小計	30.0〜50.0	50.0〜100.0	100.0ha以上
全　　　　　　国	1,188.8	623.9	457.4	49.8	27.3	11.5	18.8	…	…	…
北　海　道	37.7	3.4	6.3	4.2	7.1	5.2	11.3	5.5	4.2	1.6
都　府　県	1,151.2	620.5	451.1	45.6	20.2	6.3	7.5	…	…	…
東　　　　北	209.7	77.6	105.5	14.7	7.3	2.0	2.5			
北　　　　陸	86.7	33.8	42.4	5.5	2.5	1.0	1.4			
関 東・東 山	263.8	142.3	105.8	9.5	3.9	1.1	1.0			
東　　　　海	109.8	77.0	28.9	2.0	0.8	0.2	0.7			
近　　　　畿	110.5	74.3	32.5	1.7	1.2	0.5	0.4			
中　　　　国	107.0	73.1	30.8	1.6	0.8	0.3	0.3			
四　　　　国	73.5	49.4	22.8	0.8	0.4	0.1	0.1	…	…	…
九　　　　州	177.5	88.2	76.0	8.5	2.7	0.8	0.9	…	…	…

注：北海道以外は、30ha以上の内訳を区分して集計していない。
　　1)は、経営耕地面積なしを含む。

(3) 農産物販売金額規模別経営体数

単位：千経営体

全 国 農 業 地 域	計	1)50万円未満	50〜100	100〜500	500〜1,000	1,000〜3,000	3,000〜5,000	5,000〜1億円	1億円以上
全　　　　　　国	1,188.8	418.4	191.6	340.9	100.7	96.3	20.3	12.4	8.2
北　海　道	37.7	2.9	1.2	4.9	4.7	12.8	5.8	3.6	1.8
都　府　県	1,151.2	415.3	190.4	336.0	96.1	83.4	14.5	8.8	6.6
東　　　　北	209.7	50.2	35.9	79.4	24.4	15.2	2.3	1.3	0.8
北　　　　陸	86.7	22.6	17.6	33.2	6.5	4.8	1.1	0.4	0.3
関 東・東 山	263.8	86.1	45.2	79.0	23.2	22.2	4.0	2.5	1.5
東　　　　海	109.8	54.4	15.2	22.1	6.2	8.1	2.0	1.0	0.8
近　　　　畿	110.5	52.4	18.7	27.0	7.0	4.3	0.5	0.5	0.2
中　　　　国	107.0	57.9	19.6	20.9	3.9	3.3	0.5	0.4	0.4
四　　　　国	73.5	31.3	11.4	20.1	5.0	4.4	0.5	0.5	0.3
九　　　　州	177.5	58.1	24.0	48.9	18.5	20.4	3.4	2.1	2.0

注：1)は、販売なしを含む。

1 農業経営体（全国農業地域別）（続き）
(4) 農産物販売金額1位の部門別経営体数

全 国 農 業 地 域	計	稲作	1)畑作	露地野菜	施設野菜	果樹類	酪農	肉用牛
全 国 (1)	1,103.2	607.1	58.9	123.6	74.9	139.8	14.3	32.4
北 海 道 (2)	36.4	9.2	7.6	5.3	3.6	0.6	5.6	1.6
都 府 県 (3)	1,066.8	597.8	51.2	118.4	71.3	139.2	8.7	30.9
東 北 (4)	197.9	128.3	4.4	14.1	7.6	26.7	2.4	7.7
北 陸 (5)	84.0	75.1	0.9	2.3	1.3	2.8	0.2	0.1
関 東 ・ 東 山 (6)	243.6	117.6	10.0	42.5	19.1	36.6	2.6	1.7
東 海 (7)	97.4	46.9	6.8	12.7	9.0	13.5	0.5	0.7
近 畿 (8)	100.6	64.1	3.0	10.3	4.1	15.1	0.3	1.0
中 国 (9)	99.0	70.7	1.9	7.8	3.2	9.7	0.6	2.0
四 国 (10)	68.2	30.4	1.7	10.8	6.1	15.3	0.2	0.4
九 州 (11)	163.7	64.3	15.7	17.1	20.0	18.3	1.6	16.0

注：1)は、「麦類作」、「雑穀・いも類・豆類」及び「工芸農作物」である。
　　2)は、「花き・花木」、「その他の作物」、「養豚」、「養鶏」及び「その他の畜産」である。

(5) 農業経営組織別経営体数

全 国 農 業 地 域	計	販売の あった 経営体数	単一経 小計	稲作	1)畑作	露地野菜	施設野菜	果樹類
全 国 (1)	1,188.8	1,103.2	877.9	531.6	35.6	73.4	45.6	117.2
北 海 道 (2)	37.7	36.4	20.3	5.8	1.3	2.2	2.1	0.4
都 府 県 (3)	1,151.2	1,066.8	857.7	525.8	34.4	71.3	43.5	116.8
東 北 (4)	209.7	197.9	155.5	111.1	2.8	7.7	3.2	20.5
北 陸 (5)	86.7	84.0	73.6	69.0	0.4	0.8	0.5	1.9
関 東 ・ 東 山 (6)	263.8	243.6	195.3	103.4	6.2	27.7	11.7	32.6
東 海 (7)	109.8	97.4	80.8	42.3	5.5	8.2	6.6	10.9
近 畿 (8)	110.5	100.6	81.6	56.1	1.3	6.0	1.8	13.3
中 国 (9)	107.0	99.0	81.5	62.8	1.0	3.9	1.7	7.7
四 国 (10)	73.5	68.2	54.5	27.3	1.0	5.7	4.1	13.4
九 州 (11)	177.5	163.7	124.8	53.9	10.0	10.3	13.4	15.4

注：1)は、「麦類作」、「雑穀・いも類・豆類」及び「工芸農作物」である。
　　2)は、「花き・花木」、「その他の作物」、「養豚」、「養鶏」及び「その他の畜産」である。

(6) 経営耕地の状況

全 国 農 業 地 域	耕地計 実経営体数	面積	1経営体 当たり 面積	田 実経営体数	面積	1経営体 当たり 面積	畑（樹園地を除 実経営体数	面積
	千経営体	千ha	ha	千経営体	千ha	ha	千経営体	千ha
全 国 (1)	1,179.3	3,531.6	2.99	965.3	1,996.9	2.07	801.0	1,348.4
北 海 道 (2)	36.9	1,052.4	28.52	17.6	213.4	12.13	32.1	836.7
都 府 県 (3)	1,142.5	2,479.2	2.17	947.6	1,783.5	1.88	769.0	511.7
東 北 (4)	207.8	684.6	3.29	184.5	537.5	2.91	147.1	114.9
北 陸 (5)	86.0	275.6	3.20	82.7	256.4	3.10	52.5	15.8
関 東 ・ 東 山 (6)	262.5	504.3	1.92	198.2	316.5	1.60	202.7	155.2
東 海 (7)	109.1	170.9	1.57	83.1	113.8	1.37	80.3	31.4
近 畿 (8)	109.9	162.3	1.48	97.0	127.9	1.32	54.3	13.2
中 国 (9)	106.1	154.7	1.46	96.4	123.0	1.28	74.8	23.6
四 国 (10)	73.0	90.8	1.24	58.9	61.1	1.04	37.8	11.6
九 州 (11)	175.5	400.1	2.28	146.9	246.8	1.68	107.5	111.9

2)その他	
52.1	(1)
2.8	(2)
49.3	(3)
6.7	(4)
1.3	(5)
13.5	(6)
7.3	(7)
2.7	(8)
3.1	(9)
3.3	(10)
10.7	(11)

営			複合経営	販売の なかった 経営体数	
酪農	肉用牛	2)その他			
12.3	23.6	38.4	225.2	85.6	(1)
5.0	1.1	2.2	16.2	1.3	(2)
7.2	22.5	36.2	209.1	84.3	(3)
1.8	4.3	4.0	42.5	11.7	(4)
0.2	0.1	0.8	10.3	2.8	(5)
2.5	1.3	10.0	48.2	20.2	(6)
0.4	0.6	6.1	16.5	12.4	(7)
0.3	0.7	1.9	19.1	9.9	(8)
0.6	1.4	2.3	17.6	8.0	(9)
0.2	0.3	2.3	13.7	5.4	(10)
1.3	12.8	7.8	38.9	13.8	(11)

く。)	樹園地			
1経営体 当たり 面積	実経営体数	面積	1経営体 当たり 面積	
ha	千経営体	千ha	ha	
1.68	254.2	186.3	0.73	(1)
26.07	1.0	2.3	2.30	(2)
0.67	253.2	184.1	0.73	(3)
0.78	39.2	32.3	0.82	(4)
0.30	7.4	3.4	0.46	(5)
0.77	56.2	32.5	0.58	(6)
0.39	31.4	25.7	0.82	(7)
0.24	27.4	21.3	0.78	(8)
0.32	21.8	8.0	0.37	(9)
0.31	30.1	18.1	0.60	(10)
1.04	37.6	41.3	1.10	(11)

（7） 借入耕地の状況

全 国 農 業 地 域	借入耕地計			田			畑 （樹園地を除	
	実経営体数	面積	1経営体当たり面積	実経営体数	面積	1経営体当たり面積	実経営体数	面積
	千経営体	千ha	ha	千経営体	千ha	ha	千経営体	千ha
全　　　　　国 (1)	467.9	1,354.6	2.90	345.1	925.2	2.68	156.1	400.1
北　海　道 (2)	18.0	249.2	13.84	6.4	50.5	7.89	13.7	198.3
都　府　県 (3)	449.9	1,105.5	2.46	338.8	874.7	2.58	142.5	201.8
東　　　北 (4)	74.5	279.3	3.75	60.6	228.4	3.77	21.0	47.3
北　　　陸 (5)	42.3	157.9	3.73	39.6	150.4	3.80	7.6	6.9
関 東・東 山 (6)	98.5	207.7	2.11	64.9	145.7	2.24	42.0	58.0
東　　　海 (7)	35.0	84.0	2.40	21.4	66.3	3.10	13.4	10.6
近　　　畿 (8)	41.7	72.4	1.74	35.6	65.8	1.85	7.9	3.6
中　　　国 (9)	39.0	70.1	1.80	32.2	61.1	1.90	8.3	7.7
四　　　国 (10)	26.7	32.3	1.21	20.4	25.2	1.24	5.3	4.9
九　　　州 (11)	85.1	189.9	2.23	64.0	131.3	2.05	30.4	51.7

（8） 経営耕地面積規模別経営耕地面積（全国）

単位：千ha

全 国 農 業 地 域	計	1.0ha未満	1.0〜5.0	5.0〜10.0	10.0〜20.0	20.0〜30.0	30.0ha以上
全　　　　　国	3,531.6	327.6	930.3	391.2	393.2	300.9	1,188.5

（9） 農業労働力

全 国 農 業 地 域	雇用者							
	雇い入れた実経営体数	人　数	雇い入れた実経営体数	人　数	29歳以下	30〜34	35〜39	40〜44
	千経営体	千人	千経営体	千人	千人	千人	千人	千人
全　　　　　国 (1)	339.3	2,582.3	65.8	236.1	36.0	21.9	21.7	21.5
北　海　道 (2)	20.5	265.6	7.2	30.9	5.0	3.4	3.3	3.3
都　府　県 (3)	318.8	2,316.7	58.7	205.3	30.9	18.5	18.3	18.3
東　　　北 (4)	70.7	542.1	7.9	25.7	3.2	1.9	2.6	2.2
北　　　陸 (5)	21.1	132.8	3.0	11.5	1.7	1.0	1.0	1.2
関 東・東 山 (6)	69.1	508.5	16.6	57.8	9.3	5.7	4.3	4.6
東　　　海 (7)	23.2	160.3	8.1	28.5	3.1	1.9	2.0	2.8
近　　　畿 (8)	24.4	132.8	3.3	10.4	1.4	1.1	1.0	1.0
中　　　国 (9)	22.0	125.9	3.1	11.1	1.8	1.0	1.0	1.2
四　　　国 (10)	22.0	164.3	3.4	10.3	1.8	1.1	0.9	0.9
九　　　州 (11)	62.1	530.9	12.5	46.8	8.1	4.7	5.0	4.2

1経営体 当 た り 面 積	樹園地		
	実経営体数	面積	1経営体 当 た り 面 積
ha	千経営体	千ha	ha
2.56	44.5	29.3	0.66	(1)
14.47	0.1	0.3	3.00	(2)
1.42	44.4	29.0	0.65	(3)
2.25	7.2	3.6	0.50	(4)
0.91	1.5	0.6	0.40	(5)
1.38	9.9	4.1	0.41	(6)
0.79	6.5	7.1	1.09	(7)
0.46	4.4	2.9	0.66	(8)
0.93	2.8	1.2	0.43	(9)
0.92	4.4	2.2	0.50	(10)
1.70	7.0	6.9	0.99	(11)

常雇い							臨時雇い（手伝い等を含む。）	
45〜49	50〜54	55〜59	60〜64	65〜69	70〜74	75歳 以上	雇い入れた 実経営体数	人 数
千人	千人	千人	千人	千人	千人	千人	千経営体	千人
18.7	19.0	19.3	25.5	24.5	17.3	10.8	316.2	2,346.2	(1)
2.3	2.6	2.3	2.8	3.0	1.9	1.0	18.2	234.7	(2)
16.3	16.5	17.0	22.7	21.6	15.4	9.8	298.1	2,111.4	(3)
2.0	2.2	2.7	3.1	2.8	2.0	1.0	68.9	516.5	(4)
1.1	0.9	0.9	1.3	1.2	0.7	0.6	20.5	121.3	(5)
3.8	4.8	4.5	6.8	6.4	4.9	2.7	62.2	450.7	(6)
2.8	2.0	2.4	3.0	3.7	2.7	2.2	19.9	131.7	(7)
1.0	0.8	0.7	1.0	1.2	0.8	0.4	23.2	122.4	(8)
1.0	0.8	0.9	1.3	1.2	0.7	0.4	20.9	114.7	(9)
0.8	0.8	0.8	1.0	1.1	0.7	0.3	20.9	154.0	(10)
3.5	3.7	3.9	5.0	3.8	3.0	2.0	57.7	484.1	(11)

2 農業経営体（組織経営体）（全国農業地域別）

(1) 組織形態別経営体数

単位：千経営体

全国農業地域	計	法人化している						法人化していない
		小計	1)農産物の生産を行う経営体	農事組合法人	会社	各種団体	その他の法人	
全　　国	36.0	26.1	23.4	7.9	14.5	2.7	1.0	9.9
北　海　道	2.6	2.1	1.9	0.2	1.6	0.2	0.1	0.5
都　府　県	33.5	23.9	21.5	7.7	12.8	2.6	0.9	9.5
東　　北	6.8	4.0	3.6	1.5	2.0	0.5	0.1	2.8
北　　陸	4.0	2.8	2.5	1.4	1.0	0.3	0.1	1.2
関東・東山	5.0	4.1	3.7	0.8	2.7	0.5	0.2	0.9
東　　海	2.4	2.0	1.8	0.5	1.2	0.2	0.1	0.4
近　　畿	3.5	2.2	2.0	0.9	1.0	0.2	0.1	1.3
中　　国	3.4	2.6	2.4	1.1	1.1	0.2	0.1	0.8
四　　国	1.6	1.3	1.1	0.3	0.8	0.2	0.1	0.3
九　　州	6.3	4.5	3.9	1.2	2.6	0.5	0.2	1.8

注：1)は、「農産物の生産のみを行う経営体」及び「農産物の生産と農作業の受託を行う経営体」をいう。

(2) 経営耕地面積規模別経営体数

全国農業地域	計	1)1.0ha未満	1.0〜5.0	5.0〜10.0	10.0〜20.0	20.0〜30.0	30.0ha以上	
							小計	30.0〜50.0
全　　国 (1)	36.0	12.3	5.9	3.4	4.6	2.9	6.6	…
北　海　道 (2)	2.6	0.7	0.2	0.1	0.2	0.1	1.1	0.2
都　府　県 (3)	33.5	11.6	5.7	3.3	4.4	2.8	5.5	…
東　　北 (4)	6.8	2.3	0.7	0.5	0.9	0.5	1.8	…
北　　陸 (5)	4.0	0.8	0.4	0.3	0.7	0.6	1.1	…
関東・東山 (6)	5.0	2.0	0.9	0.5	0.5	0.3	0.7	…
東　　海 (7)	2.4	0.9	0.6	0.2	0.2	0.1	0.3	…
近　　畿 (8)	3.5	1.1	0.9	0.4	0.7	0.3	0.3	…
中　　国 (9)	3.4	1.2	0.6	0.4	0.5	0.3	0.3	…
四　　国 (10)	1.6	0.7	0.3	0.2	0.2	0.1	0.1	…
九　　州 (11)	6.3	2.4	1.1	0.6	0.7	0.5	0.8	…

注：北海道以外は、30ha以上の内訳を区分して集計していない。
　　1)は、経営耕地面積なしを含む。

(3) 農産物販売金額規模別経営体数

全国農業地域	計	1)50万円未満	50〜100	100〜500	500〜1,000	1,000〜3,000	3,000〜5,000	5,000〜1億円
全　　国 (1)	36.0	8.0	1.1	4.5	3.2	7.6	3.4	3.2
北　海　道 (2)	2.6	0.7	0.0	0.2	0.1	0.3	0.2	0.4
都　府　県 (3)	33.5	7.4	1.0	4.3	3.1	7.2	3.2	2.8
東　　北 (4)	6.8	1.8	0.2	0.7	0.5	1.5	0.7	0.6
北　　陸 (5)	4.0	0.6	0.1	0.4	0.4	1.2	0.6	0.3
関東・東山 (6)	5.0	0.9	0.2	0.6	0.3	0.9	0.5	0.5
東　　海 (7)	2.4	0.4	0.1	0.3	0.2	0.4	0.2	0.3
近　　畿 (8)	3.5	0.9	0.2	0.8	0.4	0.7	0.2	0.2
中　　国 (9)	3.4	0.7	0.1	0.5	0.4	0.8	0.2	0.2
四　　国 (10)	1.6	0.3	0.1	0.3	0.2	0.2	0.1	0.2
九　　州 (11)	6.3	1.6	0.1	0.6	0.5	1.3	0.5	0.5

注：1)は、販売なしを含む。

単位：千経営体

	以上	
50.0～100.0	100.0ha 以上	
…	…	(1)
0.4	0.5	(2)
…	…	(3)
…	…	(4)
…	…	(5)
…	…	(6)
…	…	(7)
…	…	(8)
…	…	(9)
…	…	(10)
…	…	(11)

単位：千経営体

1億円 以上	
5.0	(1)
0.7	(2)
4.4	(3)
0.6	(4)
0.2	(5)
1.0	(6)
0.5	(7)
0.2	(8)
0.3	(9)
0.2	(10)
1.1	(11)

2 農業経営体（組織経営体）（全国農業地域別）（続き）

(4) 農産物販売金額1位の部門別経営体数

全 国 農 業 地 域	計	稲作	1)畑作	露地野菜	施設野菜	果樹類	酪農
全　　　　　国　(1)	29.2	12.7	3.3	2.0	2.3	1.3	0.8
北　海　道　(2)	1.9	0.2	0.4	0.2	0.1	0.0	0.3
都　府　県　(3)	27.4	12.5	3.0	1.8	2.2	1.3	0.5
東　　　　北　(4)	5.1	2.5	0.6	0.2	0.3	0.2	0.1
北　　　　陸　(5)	3.5	2.8	0.2	0.1	0.1	0.0	0.0
関 東 ・ 東 山　(6)	4.3	1.0	0.5	0.5	0.5	0.3	0.1
東　　　　海　(7)	2.1	0.6	0.3	0.2	0.3	0.1	0.0
近　　　　畿　(8)	3.1	1.9	0.4	0.3	0.1	0.1	0.0
中　　　　国　(9)	2.8	1.6	0.2	0.1	0.2	0.1	0.1
四　　　　国　(10)	1.3	0.3	0.2	0.2	0.1	0.2	0.0
九　　　　州　(11)	4.8	1.7	0.6	0.2	0.5	0.2	0.1

注：1)は、「麦類作」、「雑穀・いも類・豆類」及び「工芸農作物」である。
　　2)は、「花き・花木」、「その他の作物」、「養豚」、「養鶏」及び「その他の畜産」である。

(5) 農業経営組織別経営体数

全 国 農 業 地 域	計	販売のあった経営体数	単一 小計	稲作	1)畑作	露地野菜	施設野菜
全　　　　　国　(1)	36.0	29.2	22.0	8.6	2.3	1.3	1.8
北　海　道　(2)	2.6	1.9	1.4	0.1	0.1	0.1	0.1
都　府　県　(3)	33.5	27.4	20.7	8.5	2.2	1.3	1.7
東　　　　北　(4)	6.8	5.1	4.0	1.8	0.5	0.1	0.2
北　　　　陸　(5)	4.0	3.5	2.8	2.2	0.2	0.0	0.1
関 東 ・ 東 山　(6)	5.0	4.3	3.2	0.6	0.4	0.3	0.3
東　　　　海　(7)	2.4	2.1	1.7	0.5	0.2	0.1	0.2
近　　　　畿　(8)	3.5	3.1	2.2	1.2	0.1	0.1	0.1
中　　　　国　(9)	3.4	2.8	2.2	1.2	0.1	0.1	0.2
四　　　　国　(10)	1.6	1.3	0.9	0.2	0.1	0.1	0.1
九　　　　州　(11)	6.3	4.8	3.4	0.9	0.4	0.2	0.4

注：1)は、「麦類作」、「雑穀・いも類・豆類」及び「工芸農作物」である。
　　2)は、「花き・花木」、「その他の作物」、「養豚」、「養鶏」及び「その他の畜産」である。

(6) 経営耕地の状況

全 国 農 業 地 域	耕地計 実経営体数	面積	1経営体当たり面積	田 実経営体数	面積	1経営体当たり面積	畑 実経営体数
	千経営体	千ha	ha	千経営体	千ha	ha	千経営体
全　　　　　国　(1)	26.7	709.0	26.55	19.8	445.4	22.49	13.0
北　海　道　(2)	1.9	169.7	89.32	0.6	21.6	36.00	1.7
都　府　県　(3)	24.8	539.3	21.75	19.1	423.8	22.19	11.3
東　　　　北　(4)	4.9	157.0	32.04	4.0	123.8	30.95	2.1
北　　　　陸　(5)	3.3	83.7	25.36	3.1	80.0	25.81	0.8
関 東 ・ 東 山　(6)	3.6	63.2	17.56	2.3	42.8	18.61	2.7
東　　　　海　(7)	1.8	34.9	19.39	1.2	30.0	25.00	0.9
近　　　　畿　(8)	2.9	37.6	12.97	2.6	33.4	12.85	0.8
中　　　　国　(9)	2.5	40.8	16.32	2.0	33.8	16.90	1.0
四　　　　国　(10)	1.1	15.7	14.27	0.8	11.1	13.88	0.5
九　　　　州　(11)	4.3	93.3	21.70	3.2	68.7	21.47	2.0

肉用牛	2)その他	
1.0	5.7	(1)
0.2	0.5	(2)
0.9	5.2	(3)
0.2	1.0	(4)
0.0	0.3	(5)
0.1	1.3	(6)
0.1	0.5	(7)
0.0	0.3	(8)
0.1	0.4	(9)
0.0	0.3	(10)
0.3	1.2	(11)

単位：千経営体

経　　　　　営				複合経営	販売のなかった経営体数	
果樹類	酪農	肉用牛	2)その他			
1.2	0.7	0.9	5.1	7.2	6.8	(1)
0.0	0.3	0.1	0.4	0.6	0.7	(2)
1.2	0.4	0.8	4.7	6.7	6.1	(3)
0.2	0.1	0.2	0.8	1.2	1.6	(4)
0.0	0.0	0.0	0.3	0.6	0.5	(5)
0.2	0.1	0.1	1.1	1.0	0.7	(6)
0.1	0.0	0.1	0.4	0.4	0.3	(7)
0.1	0.0	0.0	0.2	0.9	0.5	(8)
0.1	0.1	0.1	0.3	0.6	0.6	(9)
0.1	0.0	0.0	0.2	0.4	0.3	(10)
0.1	0.1	0.3	1.0	1.4	1.5	(11)

（樹園地を除く。）		樹園地			
面積	1経営体当たり面積	実経営体数	面積	1経営体当たり面積	
千ha	ha	千経営体	千ha	ha	
248.1	19.08	3.2	15.5	4.84	(1)
147.7	86.88	0.1	0.4	4.00	(2)
100.5	8.89	3.1	15.1	4.87	(3)
31.7	15.10	0.4	1.6	4.00	(4)
3.4	4.25	0.2	0.3	1.50	(5)
18.4	6.81	0.5	2.0	4.00	(6)
2.7	3.00	0.4	2.1	5.25	(7)
3.1	3.88	0.3	1.1	3.67	(8)
6.1	6.10	0.4	0.9	2.25	(9)
3.0	6.00	0.3	1.6	5.33	(10)
19.4	9.70	0.5	5.2	10.40	(11)

2 農業経営体（組織経営体）（全国農業地域別）（続き）

(7) 借入耕地の状況

全 国 農 業 地 域	借入耕地計			田			畑（樹園地を	
	実経営体数	面積	1経営体当たり面積	実経営体数	面積	1経営体当たり面積	実経営体数	面積
	千経営体	千ha	ha	千経営体	千ha	ha	千経営体	千ha
全　　　　　　国 (1)	21.7	480.2	22.13	16.2	354.1	21.86	9.1	118.9
北　海　道 (2)	1.2	69.3	57.75	0.4	10.7	26.75	1.0	58.3
都　府　県 (3)	20.5	410.9	20.04	15.9	343.4	21.59	8.2	60.6
東　　　北 (4)	3.9	108.1	27.72	3.2	90.2	28.16	1.5	17.3
北　　　陸 (5)	3.0	74.4	24.80	2.8	71.3	25.46	0.7	2.8
関 東 ・ 東 山 (6)	2.9	45.9	15.83	1.8	32.5	18.06	2.0	12.4
東　　　海 (7)	1.5	30.1	20.07	1.0	26.4	26.50	0.7	2.1
近　　　畿 (8)	2.5	31.7	12.68	2.3	29.8	12.91	0.6	1.1
中　　　国 (9)	2.1	34.1	16.24	1.7	29.3	17.18	0.7	4.3
四　　　国 (10)	0.9	11.6	12.89	0.6	8.4	14.00	0.3	2.7
九　　　州 (11)	3.4	71.3	20.97	2.5	55.2	22.08	1.5	14.5

(8) 農作業の受託料金収入規模別経営体数

単位：千経営体

全 国 農 業 地 域	計	1)100万円未満	100～300	300～500	500～700	700～1,000	1,000～3,000	3,000万円以上
全　　　　　　国	36.0	25.1	3.9	1.6	1.0	1.0	2.1	1.4
北　海　道	2.6	1.7	0.2	0.1	0.1	0.1	0.2	0.2
都　府　県	33.5	23.5	3.7	1.5	0.9	0.9	1.8	1.1
東　　　北	6.8	4.3	0.9	0.4	0.2	0.2	0.4	0.2
北　　　陸	4.0	2.6	0.5	0.2	0.1	0.1	0.2	0.1
関 東 ・ 東 山	5.0	3.6	0.4	0.2	0.1	0.1	0.3	0.2
東　　　海	2.4	1.8	0.2	0.1	0.1	0.1	0.1	0.1
近　　　畿	3.5	2.5	0.4	0.1	0.1	0.1	0.1	0.1
中　　　国	3.4	2.4	0.4	0.2	0.1	0.1	0.2	0.0
四　　　国	1.6	1.2	0.1	0.1	0.0	0.1	0.0	0.1
九　　　州	6.3	4.6	0.6	0.2	0.2	0.2	0.3	0.2

注：1)は、受託料金収入なしを含む。

(10) 農業労働力

全 国 農 業 地 域	雇用者		雇い入れた実経営体数	人　数	29歳以下	30～34	35～39	40～44
	雇い入れた実経営体数	人　数						
	千経営体	千人	千経営体	千人	千人	千人	千人	千人
全　　　　　　国 (1)	25.0	362.7	15.8	132.0	21.1	12.3	12.6	12.7
北　海　道 (2)	2.0	34.5	1.7	15.2	2.7	1.5	1.6	1.6
都　府　県 (3)	22.9	328.2	14.2	116.8	18.4	10.7	11.0	11.0
東　　　北 (4)	4.4	60.8	2.4	17.2	2.5	1.5	1.8	1.6
北　　　陸 (5)	2.7	35.7	1.3	8.3	1.2	0.9	0.7	0.9
関 東 ・ 東 山 (6)	3.8	61.7	2.8	26.7	4.4	2.2	2.2	2.5
東　　　海 (7)	1.9	28.7	1.4	12.0	1.8	1.0	1.1	1.2
近　　　畿 (8)	2.1	29.4	1.1	8.7	1.2	1.1	0.8	0.7
中　　　国 (9)	2.2	27.8	1.2	10.5	1.7	0.9	0.9	1.1
四　　　国 (10)	1.2	22.1	0.7	6.8	1.3	0.8	0.6	0.7
九　　　州 (11)	4.2	58.0	2.8	23.9	3.9	2.1	2.5	2.2

除く。)	樹園地		
1経営体当たり面積	実経営体数	面積	1経営体当たり面積
ha	千経営体	千ha	ha
13.07	1.9	7.2	3.79 (1)
58.30	0.0	0.3	nc (2)
7.39	1.9	6.9	3.63 (3)
11.53	0.2	0.6	3.00 (4)
4.00	0.1	0.3	3.00 (5)
6.20	0.3	1.0	3.33 (6)
3.00	0.2	1.6	8.00 (7)
1.83	0.2	0.8	4.00 (8)
6.14	0.2	0.5	2.50 (9)
9.00	0.2	0.5	2.50 (10)
9.60	0.3	1.6	5.33 (11)

(9) 経営タイプ別組織形態別経営体数（全国）

単位：千経営体

経営タイプ	計	法人化している					法人化していない
		小計	農事組合法人	会社	各種団体	その他の法人	
計	36.0	26.1	7.9	14.5	2.7	1.0	9.9
1)農産物の生産を行う経営体	30.3	23.4	7.6	14.2	0.7	0.9	6.9
農作業の受託のみ行う経営体	5.7	2.7	0.3	0.3	2.0	0.1	3.0

注：1)は、「農産物の生産のみを行う経営体」及び「農産物の生産と農作業の受託を行う経営体」をいう。

常雇い							臨時雇い（手伝い等を含む。）	
45〜49	50〜54	55〜59	60〜64	65〜69	70〜74	75歳以上	雇い入れた実経営体数	人数
千人	千人	千人	千人	千人	千人	千人	千経営体	千人
12.0	11.1	11.8	14.4	12.9	7.7	3.5	20.1	230.7 (1)
1.5	1.3	1.4	1.4	1.3	0.6	0.3	1.5	19.3 (2)
10.5	9.7	10.4	13.0	11.6	7.1	3.2	18.6	211.4 (3)
1.6	1.3	1.8	2.2	1.8	0.9	0.3	3.9	43.6 (4)
0.8	0.6	0.7	1.0	0.9	0.5	0.2	2.4	27.4 (5)
2.6	2.4	2.2	2.9	2.8	1.7	0.8	2.8	35.0 (6)
1.1	1.0	1.0	1.3	1.2	0.9	0.4	1.4	16.7 (7)
0.8	0.7	0.6	0.9	1.0	0.7	0.3	1.7	20.7 (8)
0.9	0.8	0.8	1.2	1.1	0.6	0.4	1.9	17.3 (9)
0.5	0.5	0.6	0.6	0.6	0.4	0.1	1.0	15.3 (10)
2.0	2.1	2.3	2.8	2.1	1.3	0.6	3.2	34.1 (11)

3 販売農家
(1) 農家数
　ア　主副業別農家数（全国農業地域別、都道府県別）

単位：千戸

全国農業地域 ・ 都道府県	計	主業 農家	準主業 農家	副業的 農家
全　　　　　　国	1,130.1	235.5	165.5	729.1
（全国農業地域）				
北　海　道	35.1	24.9	1.2	9.0
都　府　県	1,095.0	210.7	164.3	720.1
東　　　北	200.0	41.8	38.6	119.6
北　　　陸	82.4	8.7	17.7	56.1
関東・東山	254.1	53.8	38.1	162.2
東　海	100.8	18.3	13.7	68.8
近　畿	105.7	13.7	15.1	76.9
中　国	101.0	9.4	14.1	77.5
四　国	69.8	13.7	7.3	48.8
九　州	169.2	47.6	18.4	103.2
（都道府県）				
北　海　道	35.1	24.9	1.2	9.0
青　森	29.7	10.9	4.2	14.6
岩　手	37.6	6.4	6.9	24.4
宮　城	30.2	5.7	6.4	18.1
秋　田	30.4	5.0	6.7	18.7
山　形	28.1	7.1	4.8	16.2
福　島	43.9	6.6	9.6	27.7
茨　城	49.4	10.0	5.6	33.8
栃　木	35.3	7.9	6.5	20.9
群　馬	22.7	5.2	2.2	15.3
埼　玉	31.9	5.4	4.8	21.7
千　葉	39.6	10.2	6.1	23.3
東　京	4.7	1.1	1.9	1.7
神　奈　川	11.6	2.6	2.5	6.5
新　潟	47.5	6.4	12.7	28.4
富　山	13.4	0.7	1.9	10.8
石　川	10.6	1.0	1.5	8.1
福　井	10.9	0.6	1.5	8.8
山　梨	15.5	3.6	1.9	10.0
長　野	43.4	7.8	6.6	29.0
岐　阜	23.2	2.2	1.7	19.3
静　岡	27.5	6.5	4.4	16.6
愛　知	29.4	7.7	4.3	17.4
三　重	20.7	1.8	3.3	15.5
滋　賀	15.3	1.2	2.7	11.4
京　都	14.6	1.7	1.9	10.9
大　阪	7.5	0.8	1.7	5.0
兵　庫	38.7	3.2	5.6	29.8
奈　良	11.5	1.4	1.0	9.1
和　歌　山	18.1	5.4	2.1	10.6
鳥　取	15.0	2.2	2.2	10.5
島　根	16.0	1.3	2.5	12.1
岡　山	30.4	2.5	4.0	23.9
広　島	22.9	2.0	3.3	17.6
山　口	16.8	1.3	2.1	13.4
徳　島	15.8	3.2	1.4	11.3
香　川	17.9	1.9	1.9	14.1
愛　媛	22.9	4.7	3.2	15.0
高　知	13.2	4.0	0.9	8.4
福　岡	28.8	7.2	3.3	18.3
佐　賀	14.5	4.1	1.7	8.8
長　崎	19.4	5.6	2.6	11.2
熊　本	33.8	11.6	3.7	18.5
大　分	20.0	2.8	2.6	14.6
宮　崎	22.5	7.8	1.4	13.3
鹿　児　島	30.2	8.5	3.1	18.5
沖　縄	11.9	3.7	1.2	7.0
関東農政局	281.7	60.3	42.5	178.8
東海農政局	73.3	11.8	9.3	52.2
中国四国農政局	170.8	23.0	21.5	126.3

イ　専兼業別農家数（全国農業地域別、都道府県別）

単位：千戸

全 国 農 業 地 域 ・ 都 道 府 県	計	専業農家	兼業農家		
			小計	第1種 兼業農家	第2種 兼業農家
全　　　　国	1,130.1	368.3	761.8	177.4	584.4
（全国農業地域）					
北　海　道	35.1	22.7	12.4	10.0	2.4
都　府　県	1,095.0	345.7	749.3	167.3	582.0
東　　　北	200.0	48.7	151.3	39.5	111.8
北　　　陸	82.4	14.7	67.7	12.2	55.5
関 東・東 山	254.1	84.2	169.9	39.1	130.9
東　　　海	100.8	29.5	71.3	14.4	57.0
近　　　畿	105.7	32.3	73.4	10.5	62.9
中　　　国	101.0	31.3	69.7	9.6	60.1
四　　　国	69.8	27.8	41.9	8.2	33.7
九　　　州	169.2	70.0	99.3	32.1	67.2
（都道府県）					
北　海　道	35.1	22.7	12.4	10.0	2.4
青　　　森	29.7	10.4	19.3	8.1	11.3
岩　　　手	37.6	11.0	26.7	5.0	21.7
宮　　　城	30.2	5.7	24.5	5.9	18.6
秋　　　田	30.4	5.8	24.6	6.2	18.4
山　　　形	28.1	6.9	21.3	7.2	14.0
福　　　島	43.9	9.0	34.9	7.1	27.8
茨　　　城	49.4	14.7	34.7	7.8	26.9
栃　　　木	35.3	10.2	25.0	5.9	19.1
群　　　馬	22.7	9.7	13.0	3.1	10.0
埼　　　玉	31.9	10.2	21.7	4.0	17.7
千　　　葉	39.6	13.4	26.2	8.0	18.1
東　　　京	4.7	0.7	3.9	0.7	3.3
神　奈　川	11.6	4.0	7.6	1.2	6.4
新　　　潟	47.5	8.5	39.0	8.5	30.5
富　　　山	13.4	1.9	11.5	1.0	10.5
石　　　川	10.6	2.4	8.2	1.5	6.7
福　　　井	10.9	1.9	9.0	1.2	7.8
山　　　梨	15.5	6.5	9.0	3.1	5.9
長　　　野	43.4	14.8	28.6	5.2	23.5
岐　　　阜	23.2	5.5	17.6	2.8	14.8
静　　　岡	27.5	8.7	18.9	5.3	13.6
愛　　　知	29.4	10.2	19.3	4.1	15.2
三　　　重	20.7	5.1	15.5	2.1	13.4
滋　　　賀	15.3	2.3	13.0	1.9	11.1
京　　　都	14.6	3.7	10.9	1.6	9.3
大　　　阪	7.5	2.9	4.6	0.3	4.3
兵　　　庫	38.7	10.7	27.9	2.8	25.1
奈　　　良	11.5	3.5	8.0	0.9	7.1
和　歌　山	18.1	9.2	8.9	2.9	6.0
鳥　　　取	15.0	3.9	11.1	2.1	9.0
島　　　根	16.0	3.9	12.1	1.4	10.7
岡　　　山	30.4	8.4	21.9	2.7	19.2
広　　　島	22.9	7.7	15.2	2.2	13.0
山　　　口	16.8	7.4	9.4	1.1	8.3
徳　　　島	15.8	5.9	9.9	1.7	8.2
香　　　川	17.9	5.1	12.8	1.3	11.5
愛　　　媛	22.9	10.8	12.1	2.6	9.5
高　　　知	13.2	6.1	7.1	2.6	4.5
福　　　岡	28.8	9.5	19.3	5.4	13.8
佐　　　賀	14.5	3.7	10.8	3.7	7.1
長　　　崎	19.4	7.5	11.9	3.2	8.7
熊　　　本	33.8	13.6	20.3	8.0	12.3
大　　　分	20.0	7.5	12.5	2.8	9.7
宮　　　崎	22.5	11.3	11.2	4.4	6.7
鹿　児　島	30.2	16.8	13.3	4.6	8.7
沖　　　縄	11.9	7.1	4.8	1.8	3.0
関 東 農 政 局	281.7	92.9	188.8	44.4	144.4
東 海 農 政 局	73.3	20.8	52.5	9.1	43.4
中国四国農政局	170.8	59.1	111.7	17.8	93.8

3 販売農家（続き）
(1) 農家数（続き）
ウ 経営耕地面積規模別農家数（全国農業地域別、都道府県別）

単位：千戸

全国農業地域・都道府県	計	1)1.0ha未満	1.0～5.0	5.0～10.0	10.0～20.0	20.0～30.0	30.0ha以上 小計	30.0～50.0	50.0～100.0	100.0ha以上
全 国 (全国農業地域)	1,130.1	588.7	451.5	46.4	22.7	8.6	12.2	...	...	...
北 海 道	35.1	2.7	6.1	4.1	6.9	5.1	10.2	5.3	3.8	1.1
都 府 県	1,095.0	586.0	445.4	42.3	15.8	3.5	2.0	...	...	...
東 北	200.0	72.4	104.8	14.2	6.4	1.5	0.7	...	...	...
北 陸	82.4	32.7	42.0	5.2	1.8	0.4	0.3	...	...	...
関 東・東 山	254.1	135.7	104.9	9.0	3.4	0.8	0.3	...	...	...
東 海	100.8	69.6	28.3	1.8	0.6	0.1	0.4	...	...	...
近 畿	105.7	72.0	31.6	1.3	0.5	0.2	0.1	...	...	...
中 国	101.0	69.3	30.2	1.2	0.3	0.0	0.0	...	...	...
四 国	69.8	46.5	22.5	0.6	0.2	0.0	-	...	...	...
九 州	169.2	84.0	74.9	7.9	2.0	0.3	0.1	...	...	...
(都道府県) 北 海 道	35.1	2.7	6.1	4.1	6.9	5.1	10.2	5.3	3.8	1.1
青 森	29.7	9.6	16.5	2.3	0.9	0.2	0.2	...	...	...
岩 手	37.6	17.4	17.1	1.6	1.0	0.3	0.2	...	...	...
宮 城	30.2	10.1	16.8	1.7	1.1	0.3	0.2	...	...	...
秋 田	30.4	8.5	17.0	3.2	1.3	0.4	0.0	...	...	...
山 形	28.1	7.9	15.2	3.3	1.5	0.1	0.1	...	...	...
福 島	43.9	18.8	22.1	2.1	0.6	0.2	0.1	...	...	...
茨 城	49.4	21.2	24.8	2.1	0.8	0.4	0.1	...	...	...
栃 木	35.3	12.0	19.2	3.0	0.8	0.2	0.1	...	...	...
群 馬	22.7	13.0	8.5	1.0	0.2	0.0	0.0	...	...	...
埼 玉	31.9	18.0	12.9	0.8	0.1	0.1	-	...	...	...
千 葉	39.6	16.6	20.4	1.4	1.1	0.1	0.0	...	...	...
東 京	4.7	4.2	0.5	-	-	-	-	...	...	...
神 奈 川	11.6	8.5	3.1	0.0	-	-	-	...	...	...
新 潟	47.5	15.7	26.3	3.9	1.3	0.2	0.1	...	...	...
富 山	13.4	6.4	6.3	0.3	0.3	0.0	0.1	...	...	...
石 川	10.6	5.1	4.5	0.6	0.2	0.1	0.1	...	...	...
福 井	10.9	5.5	4.9	0.4	0.0	0.1	0.0	...	...	...
山 梨	15.5	12.5	3.0	0.0	0.0	-		...	...	...
長 野	43.4	30.0	12.4	0.6	0.3	0.1	0.0	...	...	...
岐 阜	23.2	18.5	4.2	0.3	0.1	0.0	0.1	...	...	...
静 岡	27.5	18.1	8.3	0.7	0.2	0.0	0.2	...	...	...
愛 知	29.4	19.7	8.7	0.7	0.1	0.0	0.2	...	...	...
三 重	20.7	13.0	7.2	0.1	0.3	0.0	0.0	...	...	...
滋 賀	15.3	7.7	6.2	0.9	0.3	0.1	0.1	...	...	...
京 都	14.6	10.2	4.1	0.2	0.1	0.0	-	...	...	...
大 阪	7.5	6.5	1.0	-	-	-	-	...	...	...
兵 庫	38.7	27.7	10.7	0.2	0.1	-	0.0	...	...	...
奈 良	11.5	9.3	2.2	0.0	0.0	-	-	...	...	...
和 歌 山	18.1	11.0	7.1	-	0.0	-	-	...	...	...
鳥 取	15.0	9.9	4.8	0.2	0.1	-	-	...	...	...
島 根	16.0	11.9	4.0	0.1	-	-	-	...	...	...
岡 山	30.4	20.5	9.3	0.5	0.1	0.0	-	...	...	...
広 島	22.9	16.6	6.0	0.2	0.1	-	0.0	...	...	...
山 口	16.8	10.4	6.0	0.3	0.1	0.0	-	...	...	...
徳 島	15.8	10.2	5.4	0.2	0.0	-	-	...	...	...
香 川	17.9	13.8	4.1	0.0	0.0	-	-	...	...	...
愛 媛	22.9	13.9	8.7	0.2	0.1	-	-	...	...	...
高 知	13.2	8.7	4.3	0.2	0.0	0.0	-	...	...	...
福 岡	28.8	14.5	12.6	1.3	0.3	0.1	0.0	...	...	...
佐 賀	14.5	8.5	5.3	0.5	0.2	-	-	...	...	...
長 崎	19.4	11.1	7.9	0.4	0.0	-	-	...	...	...
熊 本	33.8	14.5	17.4	1.5	0.3	0.1	0.0	...	...	...
大 分	20.0	11.9	7.3	0.6	0.2	-	-	...	...	...
宮 崎	22.5	10.2	10.7	1.3	0.3	0.0	-	...	...	...
鹿 児 島	30.2	13.3	13.8	2.4	0.6	0.1	0.0	...	...	...
沖 縄	11.9	5.3	5.5	0.9	0.2	-	-	...	...	...
関 東 農 政 局	281.7	153.8	113.1	9.8	3.6	0.9	0.5	...	...	...
東 海 農 政 局	73.3	51.3	20.1	1.0	0.5	0.1	0.3	...	...	...
中 国 四 国 農 政 局	170.8	115.9	52.7	1.7	0.5	0.0	0.0	...	...	...

注：北海道以外は、30ha以上の内訳を区分して集計していない。
1)は、経営耕地面積なしを含む。

エ　農産物販売金額規模別農家数（全国農業地域別、都道府県別）

単位：千戸

全国農業地域・都道府県	計	1)50万円未満	50～100	100～500	500～1,000	1,000～3,000	3,000～5,000	5,000～1億円	1億円以上
全国	1,130.1	387.6	190.5	336.4	97.5	88.7	16.9	9.2	3.2
（全国農業地域）									
北海道	35.1	2.3	1.2	4.7	4.6	12.5	5.6	3.2	1.1
都府県	1,095.0	385.3	189.4	331.7	93.0	76.2	11.3	6.0	2.2
東北	200.0	45.6	35.7	78.7	23.9	13.7	1.6	0.7	0.2
北陸	82.4	21.8	17.5	32.8	6.1	3.6	0.5	0.1	0.1
関東・東山	254.1	80.5	45.0	78.4	22.9	21.3	3.5	2.0	0.5
東海	100.8	47.3	15.1	21.8	6.0	7.7	1.8	0.7	0.3
近畿	105.7	50.1	18.5	26.2	6.6	3.6	0.3	0.3	0.0
中国	101.0	54.6	19.5	20.4	3.5	2.5	0.2	0.2	0.1
四国	69.8	28.9	11.3	19.8	4.8	4.2	0.4	0.3	0.1
九州	169.2	54.5	23.9	48.3	18.0	19.1	2.9	1.6	0.9
（都道府県）									
北海道	35.1	2.3	1.2	4.7	4.6	12.5	5.6	3.2	1.1
青森	29.7	3.9	3.7	12.6	5.9	3.1	0.3	0.2	－
岩手	37.6	12.3	7.7	12.5	2.8	1.8	0.3	0.3	0.0
宮城	30.2	7.6	6.1	11.7	2.3	2.1	0.3	0.1	0.0
秋田	30.4	5.7	5.0	14.5	3.5	1.5	0.2	－	0.0
山形	28.1	3.2	5.0	11.4	5.1	3.0	0.2	0.0	0.0
福島	43.9	13.0	8.2	16.0	4.3	2.3	0.1	0.0	0.0
茨城	49.4	16.0	9.3	14.0	3.9	4.4	1.0	0.5	0.2
栃木	35.3	8.7	7.8	11.5	3.2	3.3	0.4	0.3	0.1
群馬	22.7	7.6	2.6	6.5	2.2	2.5	0.5	0.6	0.1
埼玉	31.9	13.9	5.9	7.6	2.4	1.9	0.2	0.1	－
千葉	39.6	9.3	7.5	12.9	4.9	4.2	0.5	0.2	0.1
東京	4.7	1.1	0.9	2.0	0.4	0.3	0.0	－	－
神奈川	11.6	4.5	1.6	3.3	0.8	1.1	0.2	0.0	－
新潟	47.5	9.3	9.1	21.3	4.6	2.7	0.4	0.0	－
富山	13.4	4.0	3.7	4.9	0.5	0.2	0.0	0.0	－
石川	10.6	3.8	2.0	3.6	0.6	0.5	0.0	0.0	0.0
福井	10.9	4.6	2.7	2.9	0.4	0.1	0.0	0.0	－
山梨	15.5	4.2	2.0	7.2	1.4	0.7	0.0	0.0	－
長野	43.4	15.3	7.4	13.3	3.7	2.9	0.7	0.2	0.0
岐阜	23.2	14.4	3.2	3.8	0.6	0.9	0.2	0.1	0.1
静岡	27.5	8.2	4.1	8.9	3.1	2.6	0.4	0.2	0.1
愛知	29.4	12.6	3.8	5.8	1.9	3.7	1.0	0.4	0.2
三重	20.7	12.1	4.0	3.4	0.4	0.5	0.1	0.1	0.0
滋賀	15.3	6.1	3.7	4.3	0.7	0.4	0.1	0.1	0.0
京都	14.6	7.9	2.6	3.0	0.6	0.4	0.0	0.0	－
大阪	7.5	4.4	1.1	1.5	0.3	0.2	0.0	－	－
兵庫	38.7	21.0	6.3	8.6	1.7	0.8	0.1	0.1	0.0
奈良	11.5	6.5	2.2	1.8	0.5	0.4	0.1	0.0	－
和歌山	18.1	4.1	2.7	7.0	2.9	1.4	0.0	0.1	－
鳥取	15.0	7.3	2.4	3.8	0.8	0.6	0.1	0.0	0.0
島根	16.0	10.1	2.4	2.5	0.5	0.4	0.0	0.1	0.0
岡山	30.4	15.7	6.1	6.5	1.2	0.7	0.1	0.0	－
広島	22.9	12.8	5.1	4.0	0.5	0.4	0.0	0.1	0.0
山口	16.8	8.8	3.5	3.6	0.5	0.3	0.0	0.0	0.0
徳島	15.8	6.5	2.2	4.6	1.1	1.1	0.1	0.2	－
香川	17.9	10.3	3.1	3.2	0.7	0.5	0.0	0.0	0.0
愛媛	22.9	8.2	4.2	7.8	1.5	1.1	0.0	0.0	0.0
高知	13.2	3.9	1.8	4.1	1.4	1.5	0.3	0.1	－
福岡	28.8	10.6	4.4	7.6	2.2	3.0	0.6	0.2	0.2
佐賀	14.5	3.5	2.6	4.4	2.1	1.4	0.3	0.1	0.1
長崎	19.4	7.2	2.5	5.2	2.1	1.9	0.2	0.1	0.1
熊本	33.8	9.9	4.3	9.2	4.0	5.3	0.6	0.4	0.2
大分	20.0	9.7	3.4	4.4	1.2	1.1	0.2	0.1	－
宮崎	22.5	6.5	2.1	6.4	2.6	3.7	0.6	0.4	0.2
鹿児島	30.2	7.2	4.8	10.9	3.8	2.6	0.4	0.5	0.1
沖縄	11.9	2.0	2.8	5.4	1.0	0.6	0.1	0.0	－
関東農政局	281.7	88.8	49.1	87.3	26.0	23.9	3.9	2.2	0.6
東海農政局	73.3	39.1	11.0	13.0	3.0	5.1	1.4	0.6	0.3
中国四国農政局	170.8	83.5	30.8	40.2	8.3	6.7	0.6	0.6	0.1

注：1)は、販売なしを含む。

3 販売農家（続き）
(1) 農家数（続き）
オ 農産物販売金額1位の部門別農家数（全国農業地域別、都道府県別）

全 国 農 業 地 域・都 道 府 県		計	稲作	1)畑作	露地野菜	施設野菜
全 国	(1)	1,059.0	591.5	54.9	118.7	72.1
（全国農業地域）						
北 海 道	(2)	34.5	9.2	7.3	5.1	3.4
都 府 県	(3)	1,024.5	582.3	47.7	113.6	68.7
東 北	(4)	191.2	125.3	3.7	13.6	7.3
北 陸	(5)	80.1	72.0	0.7	2.2	1.2
関 東 ・ 東 山	(6)	236.7	116.4	9.4	41.3	18.5
東 海	(7)	90.7	44.8	6.2	11.7	8.5
近 畿	(8)	96.6	62.3	2.6	9.9	4.0
中 国	(9)	94.2	68.6	1.7	7.2	3.0
四 国	(10)	65.4	30.1	1.4	10.5	6.0
九 州	(11)	157.8	62.6	15.1	16.5	19.4
（都道府県）						
北 海 道	(12)	34.5	9.2	7.3	5.1	3.4
青 森	(13)	28.9	10.3	0.8	4.0	0.7
岩 手	(14)	35.1	22.0	1.2	2.4	1.5
宮 城	(15)	28.8	22.6	0.3	1.2	1.6
秋 田	(16)	29.5	25.4	0.3	1.2	0.5
山 形	(17)	27.7	16.5	0.3	1.9	0.7
福 島	(18)	41.1	28.7	0.7	2.9	2.3
茨 城	(19)	45.9	28.5	2.5	5.7	3.9
栃 木	(20)	33.9	23.8	1.1	2.6	3.6
群 馬	(21)	20.1	6.4	1.4	5.8	3.0
埼 玉	(22)	28.3	15.1	0.9	6.5	2.1
千 葉	(23)	38.0	21.9	1.5	6.8	3.5
東 京	(24)	4.4	0.0	0.3	2.5	0.3
神 奈 川	(25)	10.3	1.8	0.6	4.2	0.4
新 潟	(26)	46.0	41.2	0.4	1.4	0.7
富 山	(27)	13.3	12.5	0.2	0.1	0.0
石 川	(28)	10.3	9.0	0.1	0.4	0.2
福 井	(29)	10.6	9.4	0.1	0.2	0.4
山 梨	(30)	14.5	2.7	0.2	1.1	0.2
長 野	(31)	41.3	16.1	0.8	6.0	1.5
岐 阜	(32)	19.1	12.8	0.3	1.8	1.2
静 岡	(33)	25.5	6.3	4.8	3.4	3.0
愛 知	(34)	27.3	11.0	0.4	5.8	3.5
三 重	(35)	18.8	14.7	0.6	0.7	0.7
滋 賀	(36)	15.1	13.9	0.1	0.2	0.4
京 都	(37)	13.3	9.0	0.7	2.2	0.8
大 阪	(38)	6.5	3.7	0.1	1.3	0.6
兵 庫	(39)	33.5	24.8	1.2	4.2	0.7
奈 良	(40)	10.7	7.9	0.3	0.8	0.6
和 歌 山	(41)	17.4	3.0	0.2	1.0	0.9
鳥 取	(42)	14.3	9.2	0.3	1.8	0.8
島 根	(43)	15.3	11.5	0.2	0.7	0.6
岡 山	(44)	28.2	20.7	0.9	2.3	0.5
広 島	(45)	20.9	15.6	0.2	1.3	0.6
山 口	(46)	15.4	11.5	0.1	1.2	0.5
徳 島	(47)	15.1	7.0	0.7	3.6	1.0
香 川	(48)	16.6	10.7	0.2	2.8	0.8
愛 媛	(49)	21.3	8.1	0.2	2.2	0.9
高 知	(50)	12.4	4.4	0.4	1.9	3.3
福 岡	(51)	26.7	15.5	0.6	2.3	3.2
佐 賀	(52)	14.2	5.6	0.3	2.7	2.5
長 崎	(53)	16.8	4.8	1.5	2.7	2.4
熊 本	(54)	32.0	12.2	2.1	2.8	5.6
大 分	(55)	18.5	11.6	0.5	1.5	1.2
宮 崎	(56)	20.6	6.4	1.6	2.0	2.9
鹿 児 島	(57)	28.9	6.3	8.5	2.4	1.5
沖 縄	(58)	11.8	0.1	6.9	0.9	0.7
関 東 農 政 局	(59)	262.3	122.7	14.2	44.7	21.5
東 海 農 政 局	(60)	65.2	38.5	1.3	8.3	5.5
中 国 四 国 農 政 局	(61)	159.5	98.7	3.1	17.7	9.0

注：1)は、「麦類作」、「雑穀・いも類・豆類」及び「工芸農作物」である。
　　2)は、「花き・花木」、「その他の作物」、「養豚」、「養鶏」及び「その他の畜産」である。

果樹類	酪農	肉用牛	2)その他	
132.0	**13.5**	**31.4**	**45.0**	(1)
0.6	5.3	1.4	2.3	(2)
131.4	8.2	30.0	42.7	(3)
25.9	2.3	7.5	5.6	(4)
2.6	0.2	0.1	1.0	(5)
35.1	2.5	1.6	12.0	(6)
12.3	0.5	0.6	6.2	(7)
14.2	0.3	1.0	2.3	(8)
8.6	0.5	1.9	2.6	(9)
14.0	0.2	0.4	2.8	(10)
17.6	1.5	15.7	9.5	(11)
0.6	5.3	1.4	2.3	(12)
12.1	0.1	0.5	0.3	(13)
1.7	1.0	3.1	2.2	(14)
0.3	0.4	1.7	0.7	(15)
1.1	0.1	0.4	0.5	(16)
7.0	0.3	0.4	0.7	(17)
3.7	0.4	1.4	1.1	(18)
2.7	0.3	0.2	2.1	(19)
0.9	0.6	0.5	0.8	(20)
1.6	0.4	0.3	1.1	(21)
1.4	0.2	0.1	1.9	(22)
1.6	0.5	0.1	2.1	(23)
0.7	0.0	0.0	0.6	(24)
2.2	0.2	0.0	0.9	(25)
1.4	0.1	0.1	0.6	(26)
0.3	0.0	0.0	0.1	(27)
0.4	0.0	0.0	0.1	(28)
0.4	0.0	0.0	0.1	(29)
9.9	0.0	0.0	0.2	(30)
14.1	0.2	0.3	2.3	(31)
2.1	0.1	0.4	0.5	(32)
5.6	0.2	0.1	2.2	(33)
3.1	0.2	0.1	3.1	(34)
1.5	0.0	0.1	0.4	(35)
0.3	0.0	0.1	0.1	(36)
0.3	0.0	0.0	0.2	(37)
0.6	0.0	－	0.3	(38)
0.8	0.3	0.9	0.7	(39)
0.8	0.0	0.0	0.4	(40)
11.5	0.0	0.0	0.8	(41)
1.3	0.1	0.2	0.6	(42)
0.9	0.1	0.7	0.6	(43)
2.9	0.1	0.3	0.5	(44)
2.3	0.1	0.3	0.5	(45)
1.3	0.0	0.4	0.4	(46)
1.9	0.1	0.1	0.8	(47)
1.5	0.1	0.1	0.4	(48)
8.9	0.1	0.1	0.9	(49)
1.7	0.0	0.1	0.6	(50)
2.9	0.2	0.1	1.8	(51)
2.1	0.0	0.5	0.4	(52)
2.7	0.1	1.7	0.8	(53)
5.0	0.5	1.6	2.1	(54)
1.6	0.1	0.9	1.1	(55)
1.3	0.4	4.5	1.5	(56)
1.9	0.2	6.3	1.8	(57)
1.1	0.0	1.3	0.8	(58)
40.7	2.7	1.7	14.1	(59)
6.7	0.3	0.5	4.0	(60)
22.6	0.8	2.3	5.4	(61)

3 販売農家（続き）
(1) 農家数（続き）
カ 農業経営組織別農家数（全国農業地域別、都道府県別）

全国農業地域・都道府県		計	販売のあった農家数	単一経営					
				小計	稲作	1)畑作	露地野菜	施設野菜	果樹類
全　　国	(1)	1,130.1	1,059.0	842.2	520.2	32.8	69.7	43.5	109.7
（全国農業地域）									
北　海　道	(2)	35.1	34.5	18.9	5.7	1.2	2.1	1.9	0.4
都　府　県	(3)	1,095.0	1,024.5	823.4	514.5	31.7	67.6	41.6	109.2
東　　北	(4)	200.0	191.2	150.0	108.8	2.3	7.4	2.9	19.7
北　　陸	(5)	82.4	80.1	70.5	66.8	0.2	0.7	0.4	1.7
関東・東山	(6)	254.1	236.7	189.7	102.6	5.7	26.7	11.3	31.1
東　　海	(7)	100.8	90.7	75.1	40.3	5.1	7.4	6.3	9.8
近　　畿	(8)	105.7	96.6	78.6	54.9	1.1	5.9	1.6	12.4
中　　国	(9)	101.0	94.2	77.5	61.1	0.9	3.5	1.5	6.6
四　　国	(10)	69.8	65.4	52.1	27.1	0.9	5.5	4.0	12.3
九　　州	(11)	169.2	157.8	120.2	52.8	9.5	9.7	12.9	14.7
（都道府県）									
北　海　道	(12)	35.1	34.5	18.9	5.7	1.2	2.1	1.9	0.4
青　　森	(13)	29.7	28.9	22.2	8.8	0.5	2.5	0.3	9.6
岩　　手	(14)	37.6	35.1	27.3	18.9	0.8	1.4	0.8	1.2
宮　　城	(15)	30.2	28.8	22.6	19.4	0.2	0.7	0.8	0.3
秋　　田	(16)	30.4	29.5	24.7	22.4	0.1	0.5	0.1	1.0
山　　形	(17)	28.1	27.7	20.4	12.8	0.2	1.2	0.3	5.2
福　　島	(18)	43.9	41.1	32.7	26.4	0.4	1.2	0.7	2.4
茨　　城	(19)	49.4	45.9	39.4	26.6	1.4	3.7	3.2	2.4
栃　　木	(20)	35.3	33.9	25.8	20.1	0.8	1.0	2.0	0.7
群　　馬	(21)	22.7	20.1	15.0	5.3	0.8	4.3	2.0	1.2
埼　　玉	(22)	31.9	28.3	23.1	14.0	0.5	4.5	1.0	1.1
千　　葉	(23)	39.6	38.0	30.2	19.2	1.0	4.4	2.0	1.3
東　　京	(24)	4.7	4.4	2.7	0.0	0.2	1.4	0.1	0.5
神　奈　川	(25)	11.6	10.3	7.5	1.4	0.4	2.9	0.2	1.9
新　　潟	(26)	47.5	46.0	40.3	38.2	0.1	0.5	0.2	0.9
富　　山	(27)	13.4	13.3	12.0	11.5	0.0	0.1	0.0	0.3
石　　川	(28)	10.6	10.3	8.8	8.2	0.0	0.2	0.1	0.3
福　　井	(29)	10.9	10.6	9.4	8.8	0.1	0.1	0.2	0.2
山　　梨	(30)	15.5	14.5	13.5	2.5	0.2	0.7	0.1	9.8
長　　野	(31)	43.4	41.3	32.6	13.5	0.5	3.8	0.7	12.2
岐　　阜	(32)	23.2	19.1	16.8	12.1	0.3	1.2	0.9	1.5
静　　岡	(33)	27.5	25.5	19.8	5.1	4.1	1.8	2.3	4.7
愛　　知	(34)	29.4	27.3	21.9	9.3	0.2	4.1	2.7	2.6
三　　重	(35)	20.7	18.8	16.6	13.9	0.4	0.3	0.5	1.1
滋　　賀	(36)	15.3	15.1	12.7	12.2	0.0	0.1	0.2	0.0
京　　都	(37)	14.6	13.3	10.0	7.6	0.4	1.2	0.3	0.2
大　　阪	(38)	7.5	6.5	5.2	3.3	0.0	0.9	0.2	0.5
兵　　庫	(39)	38.7	33.5	27.5	21.8	0.3	3.0	0.3	0.7
奈　　良	(40)	11.5	10.7	9.1	7.3	0.2	0.4	0.2	0.6
和　歌　山	(41)	18.1	17.4	14.1	2.6	0.1	0.3	0.3	10.4
鳥　　取	(42)	15.0	14.3	10.9	8.1	0.2	0.8	0.3	0.9
島　　根	(43)	16.0	15.3	12.4	9.8	0.2	0.3	0.3	0.6
岡　　山	(44)	30.4	28.2	22.8	18.4	0.4	1.2	0.2	2.1
広　　島	(45)	22.9	20.9	18.1	14.4	0.1	0.6	0.4	2.0
山　　口	(46)	16.8	15.4	13.1	10.5	0.0	0.7	0.3	1.0
徳　　島	(47)	15.8	15.1	12.1	6.5	0.5	2.0	0.6	1.6
香　　川	(48)	17.9	16.6	13.7	10.1	0.1	1.3	0.6	1.2
愛　　媛	(49)	22.9	21.3	16.9	6.6	0.1	1.1	0.3	8.2
高　　知	(50)	13.2	12.4	9.4	3.8	0.2	1.0	2.5	1.3
福　　岡	(51)	28.8	26.7	20.4	12.7	0.2	1.0	2.1	2.7
佐　　賀	(52)	14.5	14.2	11.1	4.8	0.1	1.9	1.8	1.8
長　　崎	(53)	19.4	16.8	12.6	4.2	0.9	1.7	1.4	2.2
熊　　本	(54)	33.8	32.0	22.9	9.6	1.2	1.3	3.7	4.3
大　　分	(55)	20.0	18.5	14.2	10.4	0.2	0.7	0.7	1.2
宮　　崎	(56)	22.5	20.6	16.8	5.5	0.8	1.4	2.5	1.1
鹿　児　島	(57)	30.2	28.9	22.2	5.6	6.1	1.6	0.9	1.5
沖　　縄	(58)	11.9	11.8	9.7	0.1	6.2	0.6	0.4	0.9
関東農政局	(59)	281.7	262.3	209.6	107.7	9.8	28.5	13.7	35.8
東海農政局	(60)	73.3	65.2	55.3	35.3	1.0	5.7	4.0	5.2
中国四国農政局	(61)	170.8	159.5	129.6	88.2	1.8	9.0	5.5	18.9

注：1)は、「麦類作」、「雑穀・いも類・豆類」及び「工芸農作物」である。
　　2)は、「花き・花木」、「その他の作物」、「養豚」、「養鶏」及び「その他の畜産」である。

営			複合経営	販売のなかった農家数	
酪農	肉用牛	2)その他			
11.6	22.6	32.1	216.8	71.1	(1)
4.7	1.0	1.8	15.6	0.6	(2)
6.8	21.7	30.3	201.2	70.5	(3)
1.7	4.1	3.1	41.3	8.7	(4)
0.2	0.1	0.5	9.6	2.3	(5)
2.4	1.2	8.6	47.0	17.4	(6)
0.4	0.5	5.2	15.6	10.2	(7)
0.3	0.7	1.6	18.1	9.1	(8)
0.5	1.3	1.9	16.7	6.9	(9)
0.2	0.3	1.9	13.3	4.4	(10)
1.2	12.5	6.8	37.6	11.5	(11)
4.7	1.0	1.8	15.6	0.6	(12)
0.1	0.3	0.2	6.7	0.8	(13)
0.7	2.1	1.4	7.8	2.5	(14)
0.3	0.6	0.3	6.2	1.4	(15)
0.1	0.2	0.2	4.8	0.9	(16)
0.1	0.2	0.4	7.3	0.4	(17)
0.3	0.8	0.6	8.4	2.8	(18)
0.3	0.2	1.5	6.5	3.5	(19)
0.5	0.3	0.4	8.1	1.3	(20)
0.3	0.3	0.7	5.1	2.7	(21)
0.2	0.0	1.5	5.3	3.6	(22)
0.5	0.1	1.8	7.9	1.6	(23)
0.0	0.0	0.4	1.7	0.3	(24)
0.2	0.0	0.7	2.8	1.3	(25)
0.1	0.0	0.3	5.7	1.6	(26)
0.0	0.0	0.0	1.3	0.1	(27)
0.0	0.0	0.0	1.5	0.3	(28)
0.0	0.0	0.1	1.2	0.3	(29)
0.0	0.0	0.1	1.1	1.0	(30)
0.2	0.3	1.4	8.7	2.1	(31)
0.1	0.3	0.4	2.4	4.0	(32)
0.2	0.1	1.7	5.7	2.0	(33)
0.2	0.1	2.8	5.3	2.2	(34)
0.0	0.1	0.3	2.1	1.9	(35)
0.0	0.1	0.0	2.5	0.2	(36)
0.0	0.0	0.1	3.3	1.3	(37)
0.0	0.0	0.2	1.3	1.0	(38)
0.2	0.6	0.6	6.0	5.2	(39)
0.0	0.0	0.2	1.7	0.8	(40)
0.0	0.0	0.5	3.3	0.7	(41)
0.1	0.1	0.5	3.3	0.7	(42)
0.1	0.5	0.5	2.9	0.6	(43)
0.1	0.2	0.2	5.4	2.1	(44)
0.1	0.2	0.4	2.8	2.0	(45)
0.0	0.3	0.2	2.3	1.4	(46)
0.1	0.1	0.7	3.0	0.7	(47)
0.1	0.1	0.4	2.9	1.3	(48)
0.1	0.1	0.4	4.4	1.5	(49)
0.0	0.0	0.5	2.9	0.9	(50)
0.2	0.1	1.4	6.3	2.1	(51)
0.0	0.4	0.2	3.2	0.3	(52)
0.1	1.5	0.6	4.2	2.6	(53)
0.4	1.1	1.4	9.1	1.8	(54)
0.1	0.5	0.5	4.3	1.5	(55)
0.2	3.9	1.4	3.8	1.9	(56)
0.2	5.0	1.3	6.7	1.3	(57)
0.0	0.9	0.7	2.0	0.1	(58)
2.5	1.3	10.3	52.7	19.4	(59)
0.2	0.5	3.5	9.9	8.1	(60)
0.7	1.6	3.8	30.0	11.3	(61)

3　販売農家（続き）
(1)　農家数（続き）
　　キ　世帯員数別農家数（全国農業地域別）

全　国　農　業　地　域	計	1人	2	3	4	5	6	7人以上
全　　　　　　国	1,130.1	65.1	330.4	266.4	173.5	114.9	93.8	86.0
北　海　道	35.1	1.5	9.2	9.0	5.5	3.7	3.0	3.1
都　府　県	1,095.0	63.6	321.2	257.5	168.0	111.1	90.8	82.8
東　　　北	200.0	9.9	46.4	46.9	34.0	23.4	18.7	20.6
北　　　陸	82.4	3.7	18.6	19.4	14.2	9.1	9.8	7.6
関　東・東　山	254.1	14.2	69.4	63.0	39.8	28.5	21.7	17.4
東　　　海	100.8	4.0	27.6	22.8	15.4	10.5	10.4	10.1
近　　　畿	105.7	6.8	32.4	23.4	16.3	10.7	9.5	6.6
中　　　国	101.0	7.5	34.9	24.7	13.3	8.5	5.7	6.4
四　　　国	69.8	4.0	26.1	16.8	9.5	5.6	4.1	3.6
九　　　州	169.2	11.3	59.8	38.6	24.5	14.1	10.6	10.4

　　ク　経営耕地の状況（全国農業地域別）

全　国　農　業　地　域	耕地計			田			畑（樹園地を除	
	実農家数	面積	1戸当たり面積	実農家数	面積	1戸当たり面積	実農家数	面積
	千戸	千ha	ha	千戸	千ha	ha	千戸	千ha
全　　　　国　(1)	1,127.3	2,818.4	2.50	938.6	1,550.4	1.65	774.7	1,098.6
北　海　道　(2)	34.8	882.7	25.36	17.0	191.8	11.28	30.3	689.0
都　府　県　(3)	1,092.5	1,935.7	1.77	921.6	1,358.6	1.47	744.4	409.6
東　　　北　(4)	199.5	527.1	2.64	179.4	413.5	2.30	143.2	83.0
北　　　陸　(5)	82.4	191.8	2.33	79.6	176.4	2.22	51.5	12.4
関　東・東　山　(6)	253.6	440.1	1.74	194.7	273.5	1.40	196.3	136.2
東　　　海　(7)	100.5	135.1	1.34	80.2	83.4	1.04	76.3	28.4
近　　　畿　(8)	105.6	124.5	1.18	94.0	94.4	1.00	53.0	10.0
中　　　国　(9)	101.0	113.3	1.12	93.3	89.0	0.95	72.2	17.4
四　　　国　(10)	69.7	74.8	1.07	57.5	49.9	0.87	36.5	8.6
九　　　州　(11)	168.3	306.3	1.82	142.8	178.0	1.25	104.2	92.4

　　ケ　借入耕地の状況（全国農業地域別）

全　国　農　業　地　域	借入耕地計			田			畑（樹園地を除	
	実農家数	面積	1戸当たり面積	実農家数	面積	1戸当たり面積	実農家数	面積
	千戸	千ha	ha	千戸	千ha	ha	千戸	千ha
全　　　　国　(1)	444.9	874.3	1.97	328.6	571.1	1.74	146.1	281.1
北　海　道　(2)	16.8	179.9	10.71	6.0	39.8	6.63	12.7	140.0
都　府　県　(3)	428.1	694.4	1.62	322.6	531.3	1.65	133.4	141.1
東　　　北　(4)	70.5	171.2	2.43	57.3	138.2	2.41	19.5	30.0
北　　　陸　(5)	39.3	83.5	2.12	36.8	79.1	2.15	6.8	4.1
関　東・東　山　(6)	95.3	161.7	1.70	63.1	113.2	1.79	39.8	45.5
東　　　海　(7)	33.3	53.9	1.62	20.3	39.9	1.97	12.6	8.5
近　　　畿　(8)	39.1	40.7	1.04	33.3	36.0	1.08	7.2	2.5
中　　　国　(9)	36.5	35.9	0.98	30.5	31.8	1.04	7.2	3.4
四　　　国　(10)	25.8	20.7	0.80	19.8	16.8	0.85	5.0	2.2
九　　　州　(11)	81.4	118.6	1.46	61.4	76.1	1.24	28.8	37.1

〈。）	樹園地			
1 戸 当たり 面 積	実農家数	面積	1 戸 当たり 面 積	
ha	千戸	千ha	ha	
1.42	242.1	169.4	0.70	(1)
22.74	0.9	1.9	2.11	(2)
0.55	241.1	167.6	0.70	(3)
0.58	38.1	30.6	0.80	(4)
0.24	6.9	3.0	0.43	(5)
0.69	54.2	30.3	0.56	(6)
0.37	29.3	23.3	0.80	(7)
0.19	26.3	20.1	0.76	(8)
0.24	19.8	6.9	0.35	(9)
0.24	28.4	16.3	0.57	(10)
0.89	36.3	36.0	0.99	(11)

〈。）	樹園地			
1 戸 当たり 面 積	実農家数	面積	1 戸 当たり 面 積	
ha	千戸	千ha	ha	
1.92	42.3	22.1	0.52	(1)
11.02	0.1	0.0	0.00	(2)
1.06	42.2	22.0	0.52	(3)
1.54	7.0	3.0	0.43	(4)
0.60	1.4	0.3	0.21	(5)
1.14	9.5	3.1	0.33	(6)
0.67	6.3	5.5	0.87	(7)
0.35	4.2	2.1	0.50	(8)
0.47	2.6	0.7	0.27	(9)
0.44	4.2	1.7	0.40	(10)
1.29	6.6	5.3	0.80	(11)

3 販売農家（続き）
 (1) 農家数（続き）
  コ　販売目的で作付けした水稲の作付面積規模別農家数（全国農業地域別）

単位：千戸

全 国 農 業 地 域	作付け農家数	1.0ha未満	1.0〜2.0	2.0〜3.0	3.0〜5.0	5.0〜10.0	10.0ha以上
全　　　　　国	761.3	503.7	137.7	44.5	35.0	25.1	15.3
北　海　道	12.0	0.8	1.1	0.8	1.8	3.5	4.0
都　府　県	749.4	502.9	136.7	43.7	33.2	21.6	11.3
東　　　　北	159.7	76.7	38.3	16.0	14.3	9.8	4.6
北　　　　陸	76.0	35.8	22.1	6.8	5.5	3.7	2.1
関　東・東　山	155.8	102.7	28.7	10.2	7.0	4.7	2.5
東　　　　海	57.7	47.6	6.4	1.8	0.5	0.6	0.8
近　　　　畿	75.5	62.5	9.3	1.2	1.2	0.8	0.5
中　　　　国	79.8	65.6	9.8	2.1	1.4	0.6	0.3
四　　　　国	43.6	36.4	5.3	1.2	0.5	0.2	0.0
九　　　　州	101.3	75.5	16.8	4.4	2.8	1.3	0.5

サ　農業労働力（全国農業地域別）

全 国 農 業 地 域	雇い入れた実農家数	雇用者						
		雇い入れた人数						
		計	常雇い					
			小計	29歳以下	30〜34	35〜39	40〜44	45〜49
	千戸	千人	千人	千人	千人	千人	千人	千人
全　　　　　国	312.0	2,212.3	104.1	14.8	9.6	9.0	8.9	6.6
北　海　道	18.5	231.1	15.7	2.3	1.9	1.7	1.7	0.9
都　府　県	293.5	1,981.2	88.5	12.5	7.8	7.4	7.2	5.8
東　　　　北	66.1	480.8	8.5	0.6	0.4	0.8	0.6	0.5
北　　　　陸	18.4	97.0	3.1	0.5	0.1	0.3	0.2	0.3
関　東・東　山	64.7	445.7	31.1	5.0	3.4	2.2	2.1	1.3
東　　　　海	20.9	130.6	16.5	1.3	0.9	0.9	1.6	1.7
近　　　　畿	22.2	103.0	1.7	0.2	0.0	0.2	0.3	0.2
中　　　　国	19.4	96.4	0.6	0.0	0.0	0.0	0.1	0.0
四　　　　国	20.5	141.2	3.5	0.5	0.3	0.3	0.2	0.2
九　　　　州	57.6	471.3	22.9	4.2	2.6	2.5	2.0	1.5

全 国 農 業 地 域	雇用者（続き）						臨時雇い（手伝い等を含む。）
	雇い入れた人数（続き）						
	常雇い（続き）						
	50〜54	55〜59	60〜64	65〜69	70〜74	75歳以上	
	千人	千人	千人	千人	千人	千人	千人
全　　　　　国	7.9	7.6	11.0	11.6	9.7	7.3	2,108.2
北　海　道	1.3	0.9	1.4	1.6	1.4	0.6	215.4
都　府　県	6.8	6.6	9.6	10.0	8.3	6.6	1,892.7
東　　　　北	0.8	0.9	0.9	1.1	1.0	0.7	472.4
北　　　　陸	0.3	0.2	0.3	0.3	0.2	0.4	93.8
関　東・東　山	2.4	2.3	3.8	3.7	3.1	1.9	414.6
東　　　　海	1.1	1.4	1.7	2.5	1.9	1.8	114.0
近　　　　畿	0.1	0.1	0.1	0.2	0.2	0.2	101.3
中　　　　国	0.0	0.0	0.1	0.1	0.0	0.0	95.7
四　　　　国	0.3	0.2	0.3	0.5	0.3	0.2	137.7
九　　　　州	1.6	1.6	2.3	1.6	1.7	1.3	448.4

(2) 農家人口、就業構造（全国農業地域別）（男女別）
　ア　年齢別世帯員数

単位：千人

全 国 農 業 地 域	男女計											
	計	29歳以下	30～34	35～39	40～44	45～49	50～54	55～59	60～64	65～69	70～74	75歳以上
全　　　　国	3,984.4	661.9	157.8	185.9	199.7	179.5	178.4	251.3	368.7	648.8	337.8	814.5
北　海　道	128.0	25.5	5.7	6.1	6.8	7.0	6.8	9.5	11.5	18.2	9.7	21.2
都　府　県	3,856.4	636.4	152.2	179.8	192.9	172.5	171.6	241.8	357.2	630.7	328.1	793.3
東　　　北	749.9	131.3	31.5	40.8	42.4	32.8	33.0	45.4	71.4	124.1	52.5	144.6
北　　　陸	311.8	54.8	15.3	15.6	16.4	14.9	12.3	20.8	29.9	45.7	28.0	58.2
関　東・東　山	905.1	152.1	37.1	41.7	47.8	42.1	41.9	53.6	81.4	145.6	77.2	184.4
東　　　海	388.1	69.7	16.0	17.9	20.7	18.1	17.5	24.9	31.4	57.1	34.5	80.3
近　　　畿	371.9	64.4	13.9	15.6	16.1	17.9	18.6	23.4	34.4	58.4	32.1	77.0
中　　　国	323.9	46.2	9.7	13.0	16.2	14.7	11.9	19.8	28.2	56.5	33.4	74.2
四　　　国	224.2	28.2	7.0	10.1	9.9	9.4	8.7	13.4	21.5	39.6	21.6	54.9
九　　　州	550.6	85.6	20.9	24.4	22.6	21.0	26.3	38.0	56.0	96.4	45.7	113.9

全 国 農 業 地 域	男											
	小計	29歳以下	30～34	35～39	40～44	45～49	50～54	55～59	60～64	65～69	70～74	75歳以上
全　　　　国	1,995.9	344.1	86.3	102.1	110.6	93.4	86.8	119.8	167.3	348.2	192.3	344.9
北　海　道	65.1	13.2	3.3	3.4	3.8	3.6	3.3	4.8	5.9	9.3	5.9	8.5
都　府　県	1,930.8	330.9	83.0	98.7	106.8	89.8	83.5	115.0	161.4	338.9	186.4	336.4
東　　　北	373.6	68.7	16.8	22.8	24.2	17.4	16.0	22.0	32.2	66.1	30.1	57.3
北　　　陸	155.6	27.6	8.6	7.9	9.2	7.6	5.8	9.3	14.2	26.1	15.9	23.5
関　東・東　山	461.8	80.4	20.0	23.3	26.8	22.5	20.6	25.8	37.3	77.8	44.5	82.7
東　　　海	195.1	35.5	8.7	9.1	11.9	9.7	8.8	11.7	14.1	30.4	19.6	35.6
近　　　畿	182.0	34.4	7.3	8.7	7.8	8.9	8.5	11.1	14.3	32.1	16.8	32.0
中　　　国	160.4	24.2	5.2	7.5	8.7	7.7	6.1	9.2	12.4	29.4	19.0	31.0
四　　　国	110.9	14.1	4.1	6.1	5.4	4.5	4.3	5.9	9.7	21.1	12.3	23.6
九　　　州	274.7	44.0	11.9	13.0	12.5	10.5	12.7	18.8	25.3	51.8	26.2	48.2

全 国 農 業 地 域	女											
	小計	29歳以下	30～34	35～39	40～44	45～49	50～54	55～59	60～64	65～69	70～74	75歳以上
全　　　　国	1,988.5	317.8	71.5	83.8	89.1	86.1	91.6	131.5	201.4	300.6	145.5	469.6
北　海　道	62.9	12.3	2.4	2.7	3.0	3.4	3.5	4.7	5.6	8.9	3.8	12.7
都　府　県	1,925.6	305.5	69.2	81.1	86.1	82.7	88.1	126.8	195.8	291.8	141.7	456.9
東　　　北	376.3	62.6	14.7	18.0	18.2	15.4	17.0	23.4	39.2	58.0	22.4	87.3
北　　　陸	156.2	27.2	6.7	7.7	7.2	7.3	6.5	11.5	15.7	19.6	12.1	34.7
関　東・東　山	443.3	71.7	17.1	18.4	21.0	19.6	21.3	27.8	44.1	67.8	32.7	101.7
東　　　海	193.0	34.2	7.3	8.8	8.8	8.4	8.7	13.2	17.3	26.7	14.9	44.7
近　　　畿	189.9	30.0	6.6	6.9	8.3	9.0	10.1	12.3	20.1	26.3	15.3	45.0
中　　　国	163.5	22.0	4.5	5.5	7.5	7.0	5.8	10.6	15.8	27.1	14.4	43.2
四　　　国	113.3	14.1	2.9	4.0	4.5	4.9	4.4	7.5	11.8	18.5	9.3	31.3
九　　　州	275.9	41.6	9.0	11.4	10.1	10.5	13.6	19.2	30.7	44.6	19.5	65.7

3 販売農家（続き）
(2) 農家人口、就業構造（全国農業地域別）（男女別）（続き）
イ 就業状態別世帯員数

単位：千人

全国農業地域	15歳以上の世帯員数	主に仕事					主に家事・育児	学生	その他
		小計	自営農業が主	主に農業法人等に勤務	主に農業以外の自営業	主に農業以外に勤務			
							男女計		
全　　　国	3,665.1	2,702.4	1,404.1	13.1	107.7	1,177.6	358.7	152.0	452.1
北　海　道	114.2	89.4	81.9	0.4	0.6	6.6	6.4	6.2	12.1
都　府　県	3,551.1	2,613.0	1,322.1	12.8	107.1	1,171.1	352.4	145.8	439.9
東　　　北	680.9	504.7	243.6	2.6	15.6	242.9	61.7	25.5	89.0
北　　　陸	283.6	206.3	77.6	1.4	7.6	119.8	28.8	11.2	37.3
関東・東山	835.6	623.7	337.2	2.0	28.1	256.4	81.3	36.8	93.8
東　　　海	356.6	261.9	130.3	1.5	10.7	119.3	36.6	17.0	41.2
近　　　畿	344.8	232.9	101.0	1.0	10.9	119.9	48.2	17.2	46.6
中　　　国	301.4	213.3	94.3	1.8	10.9	106.2	33.4	10.3	44.4
四　　　国	210.9	157.1	86.4	1.0	8.9	60.7	19.0	6.9	28.0
九　　　州	508.2	391.0	237.7	1.1	14.3	137.9	40.1	20.1	56.9

全国農業地域	15歳以上の世帯員数	主に仕事					主に家事・育児	学生	その他
		小計	自営農業が主	主に農業法人等に勤務	主に農業以外の自営業	主に農業以外に勤務			
							男		
全　　　国	1,832.2	1,581.4	842.1	6.9	76.7	655.8	3.7	77.4	169.8
北　海　道	58.4	50.6	46.6	0.1	0.4	3.5	0.1	3.3	4.4
都　府　県	1,773.9	1,530.8	795.5	6.8	76.3	652.3	3.7	74.1	165.3
東　　　北	337.6	293.4	143.9	1.6	10.7	137.2	0.8	13.0	30.4
北　　　陸	141.3	122.7	51.3	1.1	5.4	64.9	0.2	5.3	13.1
関東・東山	425.5	369.7	200.0	0.7	20.1	148.9	0.7	19.1	36.0
東　　　海	179.8	153.5	77.0	0.9	7.5	68.1	0.5	9.2	16.7
近　　　畿	167.6	139.8	64.9	0.4	7.8	66.6	0.6	9.2	18.0
中　　　国	149.1	125.1	57.5	0.8	8.1	58.7	0.4	4.9	18.8
四　　　国	104.4	90.4	51.1	0.4	6.2	32.6	0.2	3.4	10.5
九　　　州	252.8	222.1	139.7	0.6	10.4	71.4	0.3	9.7	20.7

全国農業地域	15歳以上の世帯員数	主に仕事					主に家事・育児	学生	その他
		小計	自営農業が主	主に農業法人等に勤務	主に農業以外の自営業	主に農業以外に勤務			
							女		
全　　　国	1,832.9	1,121.0	562.0	6.2	31.0	521.8	355.0	74.6	282.3
北　海　道	55.8	38.8	35.3	0.3	0.2	3.1	6.3	2.9	7.7
都　府　県	1,777.2	1,082.2	526.6	6.0	30.8	518.8	348.7	71.7	274.6
東　　　北	343.3	211.3	99.7	1.0	4.9	105.7	60.9	12.5	58.6
北　　　陸	142.3	83.6	26.3	0.3	2.2	54.9	28.6	5.9	24.2
関東・東山	410.1	254.0	137.2	1.3	8.0	107.5	80.6	17.7	57.8
東　　　海	176.8	108.4	53.3	0.6	3.2	51.2	36.1	7.8	24.5
近　　　畿	177.2	93.1	36.1	0.6	3.1	53.3	47.6	8.0	28.6
中　　　国	152.3	88.2	36.8	1.0	2.8	47.5	33.0	5.4	25.6
四　　　国	106.5	66.7	35.3	0.6	2.7	28.1	18.8	3.5	17.5
九　　　州	255.4	168.9	98.0	0.5	3.9	66.5	39.8	10.4	36.2

ウ　年齢別農業従事者数（自営農業に従事した世帯員数）

単位：千人

全国農業地域	男女計											
	計	29歳以下	30〜34	35〜39	40〜44	45〜49	50〜54	55〜59	60〜64	65〜69	70〜74	75歳以上
全　　　　国	2,764.9	110.1	92.5	113.7	134.5	130.7	146.3	223.6	336.0	618.5	320.0	539.0
北　海　道	93.5	4.7	4.6	5.0	6.1	6.7	6.6	9.1	11.3	17.9	9.4	12.1
都　府　県	2,671.5	105.4	87.8	108.7	128.4	124.0	139.7	214.5	324.7	600.6	310.6	527.1
東　　　北	519.0	22.2	20.9	27.9	31.0	25.0	28.0	41.3	66.5	120.6	50.7	84.9
北　　　陸	211.0	9.4	9.3	8.9	11.9	10.7	9.8	18.3	26.5	43.9	26.0	36.3
関東・東山	619.9	23.7	19.8	24.3	30.1	28.3	33.8	47.2	74.6	138.3	73.7	126.1
東　　　海	253.4	8.7	8.2	8.1	11.2	12.4	12.5	21.4	28.3	53.3	32.3	57.0
近　　　畿	255.7	13.0	7.8	9.7	10.3	13.0	14.7	20.7	30.1	55.4	29.8	51.2
中　　　国	234.8	8.5	5.3	7.7	10.4	10.4	10.0	17.5	26.0	54.0	32.0	53.0
四　　　国	162.0	5.3	3.5	5.3	6.7	6.8	7.3	11.8	18.7	37.8	20.1	38.7
九　　　州	393.8	14.1	12.4	16.2	16.0	16.2	22.4	33.9	51.5	90.9	43.8	76.4

全国農業地域	男											
	小計	29歳以下	30〜34	35〜39	40〜44	45〜49	50〜54	55〜59	60〜64	65〜69	70〜74	75歳以上
全　　　　国	1,536.0	72.2	61.8	74.5	85.9	77.6	78.2	114.0	161.0	342.6	187.7	280.5
北　海　道	51.6	3.4	3.1	3.0	3.6	3.5	3.3	4.7	5.8	9.2	5.8	6.2
都　府　県	1,484.5	68.8	58.7	71.5	82.3	74.0	74.9	109.3	155.2	333.4	181.9	274.5
東　　　北	285.8	13.5	13.2	18.2	19.7	15.1	14.4	21.1	30.9	66.5	29.9	43.3
北　　　陸	121.5	5.9	6.8	5.9	7.9	6.7	5.4	9.0	13.8	25.8	15.5	18.8
関東・東山	344.2	14.7	12.9	15.7	19.0	17.4	18.1	24.2	35.9	75.9	43.2	67.2
東　　　海	138.8	5.8	5.4	5.3	7.5	7.3	6.7	10.6	13.5	29.1	18.9	28.7
近　　　畿	144.7	9.3	5.2	6.5	6.6	7.6	7.9	10.7	13.7	32.2	16.9	28.1
中　　　国	129.1	6.2	3.6	5.4	6.9	6.2	5.5	8.9	12.1	29.0	18.7	26.6
四　　　国	88.1	3.5	2.3	4.1	4.2	3.9	4.0	5.6	9.0	20.1	11.4	20.0
九　　　州	218.4	9.5	8.8	9.9	10.1	9.0	12.1	17.7	24.6	51.1	25.7	39.9

全国農業地域	女											
	小計	29歳以下	30〜34	35〜39	40〜44	45〜49	50〜54	55〜59	60〜64	65〜69	70〜74	75歳以上
全　　　　国	1,228.9	37.9	30.7	39.2	48.6	53.1	68.1	109.6	175.0	275.9	132.3	258.5
北　海　道	41.9	1.3	1.5	2.0	2.5	3.2	3.3	4.4	5.5	8.7	3.6	5.9
都　府　県	1,187.0	36.6	29.1	37.2	46.1	49.9	64.8	105.2	169.5	267.2	128.7	252.7
東　　　北	233.2	8.7	7.7	9.7	11.3	9.9	13.6	20.2	35.6	54.1	20.8	41.6
北　　　陸	89.5	3.5	2.5	3.0	4.0	4.0	4.4	9.3	12.7	18.1	10.5	17.5
関東・東山	275.7	9.0	6.9	8.6	11.1	10.9	15.7	23.0	38.7	62.4	30.5	58.9
東　　　海	114.6	2.9	2.8	2.8	3.7	5.1	5.8	10.8	14.8	24.2	13.4	28.3
近　　　畿	111.0	3.7	2.6	3.2	3.7	5.4	6.8	10.0	16.4	23.2	12.9	23.1
中　　　国	105.7	2.3	1.7	2.3	3.5	4.2	4.5	8.6	13.9	25.0	13.3	26.4
四　　　国	73.9	1.8	1.2	1.2	2.5	2.9	3.3	6.2	9.7	17.7	8.7	18.7
九　　　州	175.4	4.6	3.6	6.3	5.9	7.2	10.3	16.2	26.8	39.8	18.1	36.6

3 販売農家（続き）
(2) 農家人口、就業構造（全国農業地域別）（男女別）（続き）
　エ　年齢別農業就業人口（自営農業に主として従事した世帯員数）

単位：千人

全国農業地域	男女計											
	計	29歳以下	30〜34	35〜39	40〜44	45〜49	50〜54	55〜59	60〜64	65〜69	70〜74	75歳以上
全　　　　国	1,681.1	33.3	26.3	33.5	43.6	45.9	54.0	89.6	174.8	446.4	260.8	472.8
北　海　道	87.9	3.9	4.2	4.8	5.7	6.5	6.1	8.5	10.6	17.0	8.9	11.7
都　府　県	1,593.3	29.4	22.1	28.7	37.9	39.4	47.8	81.1	164.3	429.5	251.9	461.1
東　　　北	285.1	4.2	3.9	5.6	6.3	5.8	7.5	15.6	35.1	88.7	41.8	70.8
北　　　陸	107.7	2.4	1.1	1.3	1.6	2.3	1.3	4.4	9.0	28.7	21.1	34.6
関東・東山	408.4	9.1	6.5	8.4	11.4	10.8	14.8	21.0	42.8	104.6	62.7	116.3
東　　　海	142.7	1.6	2.0	2.0	3.5	4.3	4.7	7.1	12.4	34.5	24.1	46.4
近　　　畿	150.9	4.2	1.9	1.6	3.5	3.5	3.8	6.7	15.0	40.1	24.1	46.3
中　　　国	114.9	0.7	0.7	1.0	1.3	1.3	1.4	3.2	8.6	32.1	23.3	41.3
四　　　国	101.0	1.5	1.1	1.7	2.1	2.2	2.9	4.2	10.7	27.0	15.5	32.2
九　　　州	266.7	5.4	4.5	7.0	7.5	8.4	11.1	17.4	28.7	69.2	37.5	70.2

全国農業地域	男											
	小計	29歳以下	30〜34	35〜39	40〜44	45〜49	50〜54	55〜59	60〜64	65〜69	70〜74	75歳以上
全　　　　国	917.3	23.8	18.3	21.4	27.1	26.8	28.1	43.8	80.1	240.6	153.1	254.1
北　海　道	48.5	3.0	2.9	2.9	3.4	3.4	3.2	4.5	5.4	8.6	5.5	5.9
都　府　県	868.8	20.8	15.4	18.5	23.7	23.4	24.9	39.3	74.8	232.1	147.6	248.2
東　　　北	154.0	3.0	2.7	4.0	4.2	3.7	3.6	8.0	15.6	47.1	24.2	38.1
北　　　陸	58.9	1.8	0.7	0.9	1.0	1.5	0.6	1.8	4.4	16.1	12.2	17.9
関東・東山	215.6	5.4	4.5	4.9	6.6	6.2	7.5	10.1	18.3	54.0	35.9	62.2
東　　　海	80.2	1.2	1.4	1.4	2.4	2.5	2.8	3.2	6.1	19.4	14.9	25.0
近　　　畿	81.0	3.3	1.0	0.9	1.9	1.8	1.8	2.5	6.0	22.7	13.6	25.6
中　　　国	64.0	0.6	0.6	0.7	0.8	0.9	0.9	1.6	4.2	17.3	14.2	22.2
四　　　国	56.3	1.2	0.8	1.2	1.4	1.4	1.6	1.9	4.7	15.0	9.5	17.6
九　　　州	148.0	4.2	3.4	4.4	5.0	4.8	5.9	9.3	14.1	37.7	21.8	37.6

全国農業地域	女											
	小計	29歳以下	30〜34	35〜39	40〜44	45〜49	50〜54	55〜59	60〜64	65〜69	70〜74	75歳以上
全　　　　国	763.8	9.5	8.0	12.1	16.5	19.1	25.9	45.8	94.7	205.8	107.7	218.7
北　海　道	39.4	0.9	1.3	1.9	2.3	3.1	2.9	4.0	5.2	8.4	3.4	5.8
都　府　県	724.5	8.6	6.7	10.2	14.2	16.0	22.9	41.8	89.5	197.4	104.3	212.9
東　　　北	131.1	1.2	1.2	1.6	2.1	2.1	3.9	7.6	19.5	41.6	17.6	32.7
北　　　陸	48.8	0.6	0.4	0.4	0.6	0.8	0.7	2.6	4.6	12.6	8.9	16.7
関東・東山	192.8	3.7	2.0	3.5	4.8	4.6	7.3	10.9	24.5	50.6	26.8	54.1
東　　　海	62.5	0.4	0.6	0.6	1.1	1.8	1.9	3.9	6.3	15.1	9.2	21.4
近　　　畿	69.9	0.9	0.9	0.7	1.6	1.7	2.0	4.3	9.0	17.4	10.5	20.7
中　　　国	50.9	0.2	0.1	0.3	0.5	0.4	0.5	1.6	4.4	14.8	9.1	19.1
四　　　国	44.7	0.3	0.3	0.5	0.7	0.8	1.3	2.3	6.0	12.0	6.0	14.6
九　　　州	118.7	1.2	1.1	2.6	2.5	3.6	5.2	8.1	14.6	31.5	15.7	32.6

オ 年齢別基幹的農業従事者数（自営農業に主として従事した世帯員のうち仕事が主の世帯員数）

単位：千人

全国農業地域	男女計											
	計	29歳以下	30～34	35～39	40～44	45～49	50～54	55～59	60～64	65～69	70～74	75歳以上
全　　　　国	1,404.1	16.5	22.1	29.5	38.3	41.4	48.7	80.0	148.7	388.7	227.3	362.8
北　海　道	81.9	3.1	3.8	4.4	5.6	6.4	5.9	8.5	10.4	16.4	8.5	9.0
都　府　県	1,322.1	13.4	18.2	25.2	32.8	35.0	42.8	71.5	138.3	372.2	218.8	353.8
東　　　北	243.6	2.2	3.6	5.0	5.5	5.0	6.6	14.3	31.1	79.7	37.9	52.7
北　　　陸	77.6	0.5	0.5	1.0	1.4	1.7	1.1	2.9	6.1	23.2	16.7	22.6
関東・東山	337.2	3.9	5.4	6.9	10.2	9.7	12.7	18.5	35.0	90.0	54.6	90.4
東　　　海	130.3	1.2	1.9	1.8	3.3	4.1	4.4	6.5	11.6	32.2	22.3	41.1
近　　　畿	101.0	0.9	1.0	1.3	2.1	2.4	3.2	5.1	9.8	28.4	17.4	29.6
中　　　国	94.3	0.7	0.6	0.8	1.0	1.3	1.4	2.9	6.5	27.3	20.3	31.8
四　　　国	86.4	0.5	1.0	1.6	2.0	2.1	2.6	3.8	9.6	23.1	14.3	25.9
九　　　州	237.7	3.2	4.0	6.6	7.0	8.2	10.3	16.1	27.0	64.0	33.9	57.1

全国農業地域	男											
	小計	29歳以下	30～34	35～39	40～44	45～49	50～54	55～59	60～64	65～69	70～74	75歳以上
全　　　　国	842.1	13.5	17.1	20.9	25.8	25.9	27.8	43.4	77.6	228.9	143.3	217.9
北　海　道	46.6	2.5	2.8	2.8	3.4	3.4	3.1	4.5	5.3	8.4	5.4	5.0
都　府　県	795.5	11.0	14.3	18.1	22.5	22.5	24.7	38.9	72.3	220.4	137.9	212.9
東　　　北	143.9	1.8	2.7	3.9	4.1	3.5	3.6	8.0	15.3	45.9	22.8	32.4
北　　　陸	51.3	0.5	0.4	0.8	1.0	1.3	0.6	1.8	4.2	15.2	11.2	14.4
関東・東山	200.0	3.1	4.4	4.8	6.6	6.2	7.4	9.9	17.6	51.7	34.2	54.2
東　　　海	77.0	1.0	1.4	1.3	2.3	2.4	2.7	3.1	6.1	19.1	14.2	23.4
近　　　畿	64.9	0.7	0.7	0.9	1.5	1.6	1.8	2.5	5.7	19.2	11.1	19.3
中　　　国	57.5	0.5	0.5	0.6	0.6	0.9	0.9	1.6	3.6	15.8	13.4	19.2
四　　　国	51.1	0.5	0.8	1.2	1.4	1.4	1.5	1.9	4.7	14.0	8.9	14.9
九　　　州	139.7	2.8	3.2	4.4	4.8	4.8	5.8	9.1	13.9	36.8	20.9	33.1

全国農業地域	女											
	小計	29歳以下	30～34	35～39	40～44	45～49	50～54	55～59	60～64	65～69	70～74	75歳以上
全　　　　国	562.0	3.0	5.0	8.6	12.5	15.5	20.9	36.6	71.1	159.8	84.0	144.9
北　海　道	35.3	0.6	1.0	1.6	2.2	3.0	2.8	4.0	5.1	8.0	3.1	4.0
都　府　県	526.6	2.4	3.9	7.1	10.3	12.5	18.1	32.6	66.0	151.8	80.9	140.9
東　　　北	99.7	0.4	0.9	1.1	1.4	1.5	3.0	6.3	15.8	33.8	15.1	20.3
北　　　陸	26.3	0.0	0.1	0.2	0.4	0.4	0.5	1.1	1.9	8.0	5.5	8.2
関東・東山	137.2	0.8	1.0	2.1	3.6	3.5	5.3	8.6	17.4	38.3	20.4	36.2
東　　　海	53.3	0.2	0.5	0.5	1.0	1.7	1.7	3.4	5.5	13.1	8.1	17.7
近　　　畿	36.1	0.2	0.3	0.4	0.6	0.8	1.4	2.6	4.1	9.2	6.3	10.3
中　　　国	36.8	0.2	0.1	0.2	0.4	0.4	0.5	1.3	2.9	11.5	6.9	12.6
四　　　国	35.3	0.0	0.2	0.4	0.6	0.7	1.1	1.9	4.9	9.1	5.4	11.0
九　　　州	98.0	0.4	0.8	2.2	2.2	3.4	4.5	7.0	13.1	27.2	13.0	24.0

3 販売農家（続き）
(3) 主副業別
　　ア 経営耕地面積規模別農家数（全国、北海道、都府県）

区　　　　　分	計	1)1.0ha未満	1.0～5.0	5.0～10.0	10.0～20.0	20.0～30.0	30.0ha以上 小計	30.0～50.0	50.0～100.0	100.0ha以上
全　　　　国	1,130.1	588.7	451.5	46.4	22.7	8.6	12.2	…	…	…
主 業 農 家	235.5	55.0	117.5	26.6	17.5	7.5	11.5	…	…	…
準 主 業 農 家	165.5	77.3	81.1	5.5	1.4	0.2	0.0	…	…	…
副 業 的 農 家	729.1	456.5	252.9	14.3	3.8	0.9	0.7	…	…	…
北　海　道	35.1	2.7	6.1	4.1	6.9	5.1	10.2	5.3	3.8	1.1
主 業 農 家	24.9	0.7	2.0	2.3	5.6	4.6	9.7	5.0	3.6	1.1
準 主 業 農 家	1.2	0.2	0.6	0.2	0.1	0.1	0.0	0.0	0.0	0.0
副 業 的 農 家	9.0	1.8	3.5	1.6	1.2	0.4	0.5	0.3	0.2	0.0
都　府　県	1,095.0	586.0	445.4	42.3	15.8	3.5	2.0	…	…	…
主 業 農 家	210.7	54.3	115.5	24.3	11.9	2.9	1.8	…	…	…
準 主 業 農 家	164.3	77.1	80.5	5.3	1.3	0.1	0.0	…	…	…
副 業 的 農 家	720.1	454.7	249.4	12.7	2.6	0.5	0.2	…	…	…

注：北海道以外は、30ha以上の内訳を区分して集計していない。
　　1)は、経営耕地面積なしを含む。

イ 農産物販売金額規模別農家数（全国、北海道、都府県）

単位：千戸

区　　　　　分	計	1)50万円未満	50～100	100～500	500～1,000	1,000～3,000	3,000～5,000	5,000～1億円	1億円以上
全　　　　国	1,130.1	387.6	190.5	336.4	97.5	88.7	16.9	9.2	3.2
主 業 農 家	235.5	8.4	10.7	62.9	55.0	72.1	14.9	8.5	3.0
準 主 業 農 家	165.5	47.6	35.5	71.4	8.8	1.9	0.2	0.1	0.0
副 業 的 農 家	729.1	331.6	144.5	202.1	33.6	14.8	1.6	0.7	0.2
北　海　道	35.1	2.3	1.2	4.7	4.6	12.5	5.6	3.2	1.1
主 業 農 家	24.9	0.2	0.1	1.5	2.6	11.2	5.1	3.1	1.0
準 主 業 農 家	1.2	0.1	0.3	0.5	0.1	0.0	0.0	0.0	－
副 業 的 農 家	9.0	1.8	0.8	2.6	1.9	1.4	0.4	0.1	0.0
都　府　県	1,095.0	385.3	189.4	331.7	93.0	76.2	11.3	6.0	2.2
主 業 農 家	210.7	8.2	10.6	61.4	52.4	60.9	9.8	5.4	2.0
準 主 業 農 家	164.3	47.4	35.2	70.7	8.7	1.9	0.2	0.1	0.0
副 業 的 農 家	720.1	329.8	143.7	199.5	31.7	13.5	1.2	0.6	0.2

注：1)は、販売なしを含む。

ウ 農産物販売金額1位の部門別農家数（全国、北海道、都府県）

単位：千戸

区　　　　　分	計	稲作	1)畑作	露地野菜	施設野菜	果樹類	酪農	肉用牛	2)その他
全　　　　国	1,059.0	591.5	54.9	118.7	72.1	132.0	13.5	31.4	45.0
主 業 農 家	235.4	54.7	18.9	38.6	40.7	37.6	11.4	13.8	19.7
準 主 業 農 家	165.2	109.5	6.2	15.9	5.9	19.1	0.2	3.4	4.9
副 業 的 農 家	658.3	427.3	29.8	64.2	25.4	75.2	1.9	14.1	20.3
北　海　道	34.5	9.2	7.3	5.1	3.4	0.6	5.3	1.4	2.3
主 業 農 家	24.8	6.6	5.2	2.8	2.3	0.2	5.0	1.0	1.6
準 主 業 農 家	1.2	0.3	0.2	0.3	0.1	0.0	－	0.0	0.2
副 業 的 農 家	8.4	2.2	1.8	1.9	1.0	0.3	0.3	0.3	0.6
都　府　県	1,024.5	582.3	47.7	113.6	68.7	131.4	8.2	30.0	42.7
主 業 農 家	210.6	48.1	13.7	35.8	38.4	37.4	6.4	12.8	18.1
準 主 業 農 家	164.0	109.2	6.0	15.6	5.8	19.1	0.2	3.4	4.7
副 業 的 農 家	649.9	425.1	28.0	62.3	24.4	74.9	1.6	13.8	19.7

注：1)は、「麦類作」、「雑穀・いも類・豆類」及び「工芸農作物」である。
　　2)は、「花き・花木」、「その他の作物」、「養豚」、「養鶏」及び「その他の畜産」である。

3 販売農家（続き）
(3) 主副業別（続き）
　エ　農業経営組織別農家数（全国、北海道、都府県）

区　　分	計	販売のあった農家数	単　一　経　営						
			小計	稲作	1)畑作	露地野菜	施設野菜	果樹類	酪農
全　　国 (1)	1,130.1	1,059.0	842.2	520.2	32.8	69.7	43.5	109.7	11.6
主業農家 (2)	235.5	235.4	161.8	36.9	9.2	22.7	26.6	31.8	9.8
準主業農家 (3)	165.5	165.2	134.9	97.3	4.1	9.2	3.0	15.9	0.2
副業的農家 (4)	729.1	658.3	545.5	386.1	19.5	37.7	14.0	62.0	1.6
北　海　道 (5)	35.1	34.5	18.9	5.7	1.2	2.1	1.9	0.4	4.7
主業農家 (6)	24.9	24.8	12.9	3.9	0.4	0.9	1.2	0.2	4.5
準主業農家 (7)	1.2	1.2	0.8	0.2	0.1	0.1	0.1	0.0	-
副業的農家 (8)	9.0	8.4	5.2	1.6	0.6	1.1	0.7	0.2	0.3
都　府　県 (9)	1,095.0	1,024.5	823.4	514.5	31.7	67.6	41.6	109.2	6.8
主業農家 (10)	210.7	210.6	148.9	33.0	8.8	21.8	25.4	31.6	5.3
準主業農家 (11)	164.3	164.0	134.1	97.1	4.0	9.1	2.9	15.9	0.2
副業的農家 (12)	720.1	649.9	540.3	384.5	18.9	36.6	13.3	61.8	1.3

注：1)は、「麦類作」、「雑穀・いも類・豆類」及び「工芸農作物」である。
　　2)は、「花き・花木」、「その他の作物」、「養豚」、「養鶏」及び「その他の畜産」である。

オ　経営耕地の状況（全国、北海道、都府県）

区　　分	耕地計			田			畑（樹園地を除く。）		
	実農家数	面積	1戸当たり面積	実農家数	面積	1戸当たり面積	実農家数	面積	1戸当たり面積
	千戸	千ha	ha	千戸	千ha	ha	千戸	千ha	ha
全　　国 (1)	1,127.3	2,818.4	2.50	938.6	1,550.4	1.65	774.7	1,098.6	1.42
主業農家 (2)	232.8	1,575.8	6.77	161.4	643.8	3.99	169.1	853.7	5.05
準主業農家 (3)	165.3	281.3	1.70	142.9	214.2	1.50	112.9	46.9	0.42
副業的農家 (4)	729.4	961.2	1.32	634.3	692.4	1.09	492.7	197.9	0.40
北　海　道 (5)	34.8	882.7	25.36	17.0	191.8	11.28	30.3	689.0	22.74
主業農家 (6)	24.7	796.1	32.23	11.0	156.4	14.22	21.7	638.3	29.41
準主業農家 (7)	1.2	10.8	9.00	0.7	3.2	4.57	1.0	7.5	7.50
副業的農家 (8)	8.9	75.8	8.52	5.3	32.2	6.08	7.5	43.2	5.76
都　府　県 (9)	1,092.5	1,935.7	1.77	921.6	1,358.6	1.47	744.4	409.6	0.55
主業農家 (10)	208.0	779.5	3.75	150.3	487.3	3.24	147.4	215.3	1.46
準主業農家 (11)	164.1	270.6	1.65	142.2	211.0	1.48	111.8	39.5	0.35
副業的農家 (12)	720.5	885.6	1.23	629.1	660.3	1.05	485.1	154.8	0.32

カ　借入耕地の状況（全国、北海道、都府県）

区　　分	借入耕地計			田			畑（樹園地を除く。）		
	実農家数	面積	1戸当たり面積	実農家数	面積	1戸当たり面積	実農家数	面積	1戸当たり面積
	千戸	千ha	ha	千戸	千ha	ha	千戸	千ha	ha
全　　国 (1)	444.9	874.3	1.97	328.6	571.1	1.74	146.1	281.1	1.92
主業農家 (2)	142.2	549.9	3.87	85.7	309.6	3.61	67.9	225.9	3.33
準主業農家 (3)	62.8	80.1	1.28	52.5	67.3	1.28	14.9	11.0	0.74
副業的農家 (4)	239.9	244.2	1.02	190.4	194.2	1.02	63.2	44.2	0.70
北　海　道 (5)	16.8	179.9	10.71	6.0	39.8	6.63	12.7	140.0	11.02
主業農家 (6)	14.5	163.5	11.28	5.0	33.2	6.64	10.9	130.2	11.94
準主業農家 (7)	0.3	1.3	4.33	0.1	0.2	2.00	0.2	1.2	6.00
副業的農家 (8)	2.1	15.0	7.14	0.9	6.5	7.22	1.6	8.6	5.38
都　府　県 (9)	428.1	694.4	1.62	322.6	531.3	1.65	133.4	141.1	1.06
主業農家 (10)	127.7	386.2	3.02	80.7	276.4	3.43	57.0	95.5	1.68
準主業農家 (11)	62.6	78.8	1.26	52.4	67.2	1.28	14.7	9.8	0.67
副業的農家 (12)	237.8	229.4	0.96	189.5	187.8	0.99	61.6	35.8	0.58

単位：千戸

肉用牛	2)その他	複合経営	販売のなかった農家数	
22.6	32.1	216.8	71.1	(1)
10.0	14.8	73.5	0.1	(2)
2.2	2.9	30.4	0.3	(3)
10.4	14.3	112.8	70.8	(4)
1.0	1.8	15.6	0.6	(5)
0.6	1.2	11.9	0.0	(6)
0.0	0.2	0.5	0.0	(7)
0.3	0.5	3.2	0.6	(8)
21.7	30.3	201.2	70.5	(9)
9.4	13.6	61.6	0.1	(10)
2.2	2.7	29.9	0.3	(11)
10.1	13.8	109.6	70.2	(12)

樹園地			
実農家数	面積	1戸当たり面積	
千戸	千ha	ha	
242.1	169.4	0.70	(1)
58.5	78.3	1.34	(2)
34.7	20.2	0.58	(3)
148.9	70.9	0.48	(4)
0.9	1.9	2.11	(5)
0.4	1.3	3.25	(6)
0.0	0.0	0.00	(7)
0.4	0.5	1.25	(8)
241.1	167.6	0.70	(9)
58.1	77.0	1.33	(10)
34.6	20.1	0.58	(11)
148.5	70.4	0.47	(12)

樹園地			
実農家数	面積	1戸当たり面積	
千戸	千ha	ha	
42.3	22.1	0.52	(1)
19.2	14.4	0.75	(2)
4.7	1.9	0.40	(3)
18.6	5.8	0.31	(4)
0.1	0.0	0.00	(5)
0.0	0.0	0.00	(6)
－	－	nc	(7)
－	－	nc	(8)
42.2	22.0	0.52	(9)
19.1	14.4	0.75	(10)
4.7	1.9	0.40	(11)
18.6	5.8	0.31	(12)

3 販売農家（続き）
(3) 主副業別（続き）
キ 販売目的で作付けした水稲の作付面積規模別農家数（全国）

単位：千戸

主　　副　　業	作付け農家数	1.0ha未満	1.0〜2.0	2.0〜3.0	3.0〜5.0	5.0〜10.0	10.0ha以上
計	761.3	503.7	137.7	44.5	35.0	25.1	15.3
主 業 農 家	118.2	50.4	19.3	10.5	11.6	14.2	12.2
準 主 業 農 家	128.3	74.8	31.1	10.2	8.2	3.3	0.7
副 業 的 農 家	514.8	378.5	87.3	23.7	15.2	7.7	2.4

ク 年齢別農業従事者数（自営農業に従事した世帯員数）（全国）

単位：千人

主　　副　　業	男女計							
	計	29歳以下	30〜34	35〜39	40〜44	45〜49	50〜54	55〜59
計	2,764.9	110.1	92.5	113.7	134.5	130.7	146.3	223.6
主 業 農 家	670.3	31.2	30.5	38.6	45.2	45.6	49.2	73.6
準 主 業 農 家	474.0	39.6	25.8	22.6	18.9	22.1	40.2	73.2
副 業 的 農 家	1,620.7	39.3	36.2	52.5	70.4	63.0	56.9	76.8

主　　副　　業	男女計（続き）			
	60〜64	65〜69	70〜74	75歳以上
計	336.0	618.5	320.0	539.0
主 業 農 家	120.8	82.4	45.5	107.7
準 主 業 農 家	104.2	36.4	16.5	74.4
副 業 的 農 家	111.0	499.7	258.0	356.9

ケ 年齢別農業就業人口（自営農業に主として従事した世帯員数）（全国）

単位：千人

主　　副　　業	男女計							
	計	29歳以下	30〜34	35〜39	40〜44	45〜49	50〜54	55〜59
計	1,681.1	33.3	26.3	33.5	43.6	45.9	54.0	89.6
主 業 農 家	593.1	18.6	21.5	28.7	37.2	39.1	42.9	67.0
準 主 業 農 家	187.0	7.5	2.8	3.0	3.6	4.2	8.3	17.5
副 業 的 農 家	900.9	7.2	1.9	1.7	2.8	2.6	2.8	5.2

主　　副　　業	男女計（続き）			
	60〜64	65〜69	70〜74	75歳以上
計	174.8	446.4	260.8	472.8
主 業 農 家	114.2	79.8	44.1	100.0
準 主 業 農 家	40.4	22.9	12.8	64.1
副 業 的 農 家	20.2	343.8	204.0	308.8

コ　年齢別基幹的農業従事者数
　　（自営農業に主として従事した世帯員のうち仕事が主の世帯員数）（全国）

単位：千人

主　　副　　業	男女計								
	計	29歳以下	30～34	35～39	40～44	45～49	50～54	55～59	60～64
計	1,404.1	16.5	22.1	29.5	38.3	41.4	48.7	80.0	148.7
主 業 農 家	556.3	14.6	20.0	26.9	35.2	37.8	41.7	65.4	111.1
準 主 業 農 家	143.8	1.9	2.0	2.5	3.0	3.4	6.7	13.7	34.2
副 業 的 農 家	704.1	0.2	0.1	0.1	0.2	0.2	0.2	0.9	3.4

主　　副　　業	男女計（続き）		
	65～69	70～74	75歳以上
計	388.7	227.3	362.8
主 業 農 家	77.9	42.4	83.4
準 主 業 農 家	20.5	11.0	44.9
副 業 的 農 家	290.3	174.0	234.6

サ　農業従事者等の平均年齢（全国）

単位：歳

主　　副　　業	農業従事者			農業就業人口			基幹的農業従事者		
	男女計の平均年齢	男の平均年齢	女の平均年齢	男女計の平均年齢	男の平均年齢	女の平均年齢	男女計の平均年齢	男の平均年齢	女の平均年齢
計	61.9	60.9	63.2	67.0	66.5	67.6	66.8	66.4	67.3
主 業 農 家	58.3	56.7	60.2	59.8	58.2	61.8	59.5	58.0	61.6
準 主 業 農 家	56.9	54.8	59.5	66.3	64.3	68.1	66.8	65.3	68.7
副 業 的 農 家	64.8	64.3	65.5	72.0	72.6	71.2	72.5	72.9	71.8

主　　副　　業	自営農業従事日数が150日以上の人（農業専従者）		
	男女計の平均年齢	男の平均年齢	女の平均年齢
計	65.2	64.9	65.8
主 業 農 家	58.7	57.4	60.7
準 主 業 農 家	65.4	64.1	67.2
副 業 的 農 家	72.0	72.4	71.2

3 販売農家（続き）
(4) 農産物販売金額規模別（全国）
ア 農産物販売金額1位の部門別農家数

農産物販売金額規模		計	稲作	1)畑作	露地野菜	施設野菜	果樹類	酪農	肉用牛
計	(1)	1,059.0	591.5	54.9	118.7	72.1	132.0	13.5	31.4
50 万 円 未 満	(2)	316.7	261.0	11.0	17.1	2.0	19.8	0.0	0.3
50 ～ 100	(3)	190.5	135.8	8.9	17.5	2.9	20.4	0.0	1.5
100 ～ 500	(4)	336.4	151.7	17.9	50.6	24.1	61.9	0.5	13.9
500 ～ 1,000	(5)	97.5	26.4	5.7	15.5	16.8	19.3	0.9	5.9
1,000 ～ 3,000	(6)	88.7	14.6	8.8	14.1	22.3	10.1	4.2	6.0
3,000 ～ 5,000	(7)	16.9	1.7	2.0	2.8	2.8	0.5	3.7	1.7
5,000 ～1億円	(8)	9.2	0.3	0.6	1.0	1.0	0.0	3.0	1.2
1 億 円 以 上	(9)	3.1	0.0	0.0	0.1	0.2	-	1.2	0.9

注：1)は、「麦類作」、「雑穀・いも類・豆類」及び「工芸農作物」である。
　　2)は、「花き・花木」、「その他の作物」、「養豚」、「養鶏」及び「その他の畜産」である。

イ 年齢別農業従事者数（自営農業に従事した世帯員数）

農産物販売金額規模		男女計							
		計	29歳以下	30～34	35～39	40～44	45～49	50～54	55～59
計	(1)	2,764.9	110.1	92.5	113.7	134.5	130.7	146.3	223.6
1) 50 万 円 未 満	(2)	814.7	28.3	23.1	26.5	32.1	30.6	39.8	67.5
50 ～ 100	(3)	430.4	17.6	13.8	15.6	17.5	17.1	21.1	34.2
100 ～ 500	(4)	860.2	33.6	26.8	33.3	39.2	40.2	43.9	65.2
500 ～ 1,000	(5)	290.2	12.1	9.8	14.6	18.2	16.8	17.1	22.5
1,000 ～ 3,000	(6)	275.9	13.1	13.0	16.3	19.4	18.4	18.4	25.5
3,000 ～ 5,000	(7)	54.1	3.2	3.3	3.8	4.3	4.3	3.4	5.4
5,000 ～1億円	(8)	29.3	1.5	2.0	2.4	2.9	2.6	1.7	2.3
1 億 円 以 上	(9)	10.3	0.7	0.7	1.2	1.0	0.7	0.9	1.0

注：1)は、販売なしを含む。

単位：千戸

2)その他

45.0	(1)
5.5	(2)
3.5	(3)
15.8	(4)
7.0	(5)
8.6	(6)
1.7	(7)
2.1	(8)
0.8	(9)

単位：千人

60～64	65～69	70～74	75歳\n以上	
336.0	**618.5**	**320.0**	**539.0**	(1)
101.9	183.2	101.5	180.2	(2)
53.0	106.7	48.2	85.6	(3)
100.9	195.8	102.8	178.5	(4)
34.7	66.0	33.7	44.7	(5)
34.5	51.5	25.8	40.0	(6)
6.4	8.9	4.7	6.4	(7)
3.5	5.2	2.6	2.6	(8)
1.2	1.3	0.7	1.0	(9)

3 販売農家（続き）
(4) 農産物販売金額規模別（全国）（続き）
ウ 年齢別農業就業人口（自営農業に主として従事した世帯員数）

単位：千人

農産物販売金額規模	男女計											
	計	29歳以下	30〜34	35〜39	40〜44	45〜49	50〜54	55〜59	60〜64	65〜69	70〜74	75歳以上
計	1,681.1	33.3	26.3	33.5	43.6	45.9	54.0	89.6	174.8	446.4	260.8	472.8
1) 50 万 円 未 満	356.2	4.3	1.8	1.2	2.0	2.0	3.7	7.7	26.0	95.3	67.4	144.8
50 〜 100	214.8	2.8	0.7	1.4	1.1	1.9	3.1	5.3	18.4	68.2	36.7	75.2
100 〜 500	541.7	8.7	4.6	5.8	7.8	9.8	13.1	25.6	55.2	156.8	90.9	163.4
500 〜 1,000	233.4	4.7	4.6	6.4	9.2	9.6	11.9	18.4	30.8	62.0	33.1	42.7
1,000 〜 3,000	247.2	8.5	9.3	12.1	15.8	15.4	16.5	24.4	33.5	49.5	25.0	37.4
3,000 〜 5,000	50.7	2.5	3.0	3.5	3.9	4.0	3.4	5.2	6.4	8.4	4.5	6.0
5,000 〜1億円	27.6	1.2	1.8	2.1	2.8	2.6	1.5	2.2	3.5	5.1	2.5	2.3
1 億 円 以 上	9.5	0.6	0.6	1.1	1.0	0.7	0.8	1.0	1.1	1.2	0.6	0.9

注：1)は、販売なしを含む。

エ 年齢別基幹的農業従事者数（自営農業に主として従事した世帯員のうち仕事が主の世帯員数）

単位：千人

農産物販売金額規模	男女計											
	計	29歳以下	30〜34	35〜39	40〜44	45〜49	50〜54	55〜59	60〜64	65〜69	70〜74	75歳以上
計	1,404.1	16.5	22.1	29.5	38.3	41.4	48.7	80.0	148.7	388.7	227.3	362.8
1) 50 万 円 未 満	235.5	0.2	0.3	0.8	0.8	0.9	1.9	3.6	14.8	67.9	49.1	95.2
50 〜 100	166.0	0.3	0.3	0.9	0.7	1.1	1.9	3.7	13.0	56.2	30.8	57.1
100 〜 500	465.6	2.4	3.8	4.5	6.4	8.4	11.8	22.5	46.8	141.5	83.5	134.0
500 〜 1,000	218.1	3.2	4.2	5.7	8.2	8.7	11.5	17.9	30.1	59.7	32.1	36.8
1,000 〜 3,000	234.9	6.6	8.4	11.3	14.8	15.1	16.0	23.9	33.1	49.3	24.4	32.0
3,000 〜 5,000	48.5	2.2	2.8	3.3	3.8	4.0	3.4	5.2	6.3	8.1	4.4	5.0
5,000 〜1億円	26.3	1.0	1.7	2.0	2.7	2.5	1.5	2.2	3.5	4.8	2.4	2.0
1 億 円 以 上	9.2	0.6	0.6	1.0	0.9	0.7	0.8	1.0	1.1	1.2	0.6	0.7

注：1)は、販売なしを含む。

(5) 農業経営組織別（全国）
　　ア　農産物販売金額規模別農家数

単位：千戸

農業経営組織	計	3)50万円未満	50～100	100～500	500～1,000	1,000～3,000	3,000～5,000	5,000～1億円	1億円以上
計	1,130.1	387.6	190.5	336.4	97.5	88.7	16.9	9.2	3.2
単一経営	842.2	286.5	161.0	248.4	65.5	59.1	11.5	7.2	3.0
稲作	520.2	237.3	123.3	131.8	17.7	9.0	1.0	0.1	0.0
1)畑作	32.8	8.6	6.3	10.7	3.0	3.6	0.5	0.1	0.0
露地野菜	69.7	12.8	10.2	26.3	9.3	8.7	1.7	0.6	0.1
施設野菜	43.5	2.7	1.8	11.9	9.4	14.7	2.0	0.8	0.2
果樹類	109.7	18.8	16.1	49.5	16.2	8.7	0.4	0.0	-
酪農	11.6	0.4	0.0	0.3	0.6	3.3	3.2	2.7	1.1
肉用牛	22.6	1.0	1.1	8.5	4.1	4.6	1.4	1.0	0.9
2)その他	32.1	4.9	2.2	9.4	5.2	6.5	1.3	1.8	0.8
複合経営	216.8	30.2	29.5	88.0	32.0	29.6	5.4	2.0	0.1
販売なし	71.1	71.1	-	-	-	-	-	-	-

注：1)は、「麦類作」、「雑穀・いも類・豆類」及び「工芸農作物」である。（以下イまで同じ。）
　　2)は、「花き・花木」、「その他の作物」、「養豚」、「養鶏」及び「その他の畜産」である。（以下イまで同じ。）
　　3)は、販売なしを含む。

イ　年齢別基幹的農業従事者数（自営農業に主として従事した世帯員のうち仕事が主の世帯員数）

単位：千人

農業経営組織	男女計											
	計	29歳以下	30～34	35～39	40～44	45～49	50～54	55～59	60～64	65～69	70～74	75歳以上
計	1,404.1	16.5	22.1	29.5	38.3	41.4	48.7	80.0	148.7	388.7	227.3	362.8
単一経営	986.1	10.3	15.0	19.9	26.1	27.2	32.9	53.8	103.5	280.0	159.7	257.7
稲作	414.7	1.9	2.4	2.9	4.6	4.1	5.4	11.2	33.1	144.6	79.5	125.0
1)畑作	46.7	0.4	0.8	1.1	1.7	1.7	1.9	3.3	5.9	11.9	7.3	10.7
露地野菜	121.2	1.9	2.1	3.4	3.9	4.6	5.3	7.9	13.2	29.6	17.6	31.7
施設野菜	98.0	1.8	2.8	3.7	5.1	5.4	6.2	8.7	13.9	19.1	12.3	19.0
果樹類	179.2	1.6	2.9	4.2	4.7	5.0	7.2	11.1	20.0	46.6	27.8	48.1
酪農	29.4	1.1	1.5	1.9	2.1	2.6	2.2	3.4	3.9	5.2	2.7	2.8
肉用牛	37.3	0.6	0.9	0.9	1.3	1.3	1.8	3.1	4.9	9.0	5.2	8.3
2)その他	59.5	1.0	1.6	1.8	2.7	2.5	2.9	5.1	8.6	14.0	7.3	12.0
複合経営	382.1	6.1	7.0	9.6	12.2	14.1	15.6	25.8	43.5	101.0	59.5	87.7
販売なし	36.0	0.1	0.1	0.0	0.0	0.1	0.2	0.4	1.7	7.8	8.1	17.5

第2部　新規就農者調査（平成30年）

第2部　新規就農者調査　（平成30年）

利　用　者　の　た　め　に

1　調査の目的

　　新規就農者調査（以下「調査」という。）は、「食料・農業・農村基本計画」（平成27年3月31日閣議決定）に基づき、意欲ある多様な農業者による農業経営を推進するため、新規就農者数（雇用による新規就農者及び新規参入者を含む。）を把握し、新規就農者の育成・確保を図るための諸施策の円滑な推進に必要な資料を提供することを目的とする。

2　調査の根拠

　　調査は、統計法（平成19年法律第53号）第19条第1項に基づく総務大臣の承認を受けて実施した一般統計調査である。

3　調査の機構

　　調査は、農林水産省大臣官房統計部及び地方組織を通じて実施した。

4　調査の体系

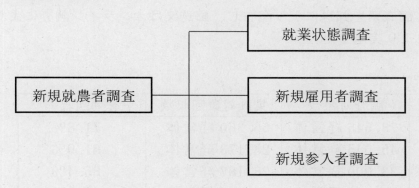

5　調査の対象

（1）　就業状態調査

　　2015年農林業センサス（以下「センサス」という。）で把握した農業経営体（12　用語の解説「農業経営体」参照）のうち、家族経営体を対象とし、センサス結果の母集団名簿を用いて、主副業別農業経営組織別の階層に基づく層化抽出法により抽出した経営体を調査した。

　　なお、農業構造動態調査（家族経営体）（平成31年2月1日現在）の調査対象経営体を標本の一部として共用した。

（2）　新規雇用者調査

　　センサスで把握した農業経営体のうち、組織経営体（(1)の家族経営体以外）及び家族経営体における一戸一法人並びにセンサス実施年以降に農業構造動態調査で把握した新設組織経営体を対象とし、センサス結果及び農業構造動態調査結果の母集団名簿を用いて、農産物の販売金額規模階層等に基づく層化抽出法により抽出した経営体を調査した。

（3）　新規参入者調査

　　全ての農業委員会等（農業委員会が設置されていない市区町村にあっては、当該市区

町村。以下同じ。）を調査した。

6 調査期日
平成31年2月1日現在

7 調査事項
(1) 就業状態調査

農業従事者の年齢及び性別、調査期日前1年間及び調査期日前1年間よりさらに遡った1年間の生活の主な状態等

(2) 新規雇用者調査

新規雇用者の年齢及び性別、農家出身・非農家出身の別、雇用される直前の就業状態等

(3) 新規参入者調査

新規参入者の年齢及び性別、経営の責任者・共同経営者別、部門別等

8 調査方法

調査は、調査対象に対して調査票を郵送により配布し、郵送又はオンライン調査により調査票を回収する自計調査により実施した。

9 調査対象数及び回収率

区　分	調査対象数	集計対象回収数	有効回収率
就業状態調査	78,545 経営体	56,360 経営体	71.8%
うち新規就農者調査	45,545 経営体	28,173 経営体	61.9%
うち農業構造動態調査	33,000 経営体	28,187 経営体	85.4%
新規雇用者調査	6,230 経営体	4,082 経営体	65.5%
新規参入者調査	1,750 委員会等	1,750 委員会等	100.0%

10 集計方法

集計は、農林水産省大臣官房統計部において行った。

(1) 就業状態調査

集計対象事項（X）の推定値を次に示す推定式により算出した。

［推定式］

$$X = X_1 + X_2$$

$$X_h = \sum_{i=1}^{L} \frac{N_i}{n_i} \sum_{k=1}^{n_i} x_{ik}$$

$$(h = 1、2)$$

X_1　：　新規就農者調査による新規就農者数の推定値

X_2　：　農業構造動態調査による新規就農者数の推定値

L　：　階層の数（主副業別、農業経営組織別）

Ni　：　第 i 階層の母集団の大きさ（経営体数）

n_i : 第 i 階層の集計経営体数

x_{ik} : 第 i 階層における k 番目の集計経営体の新規就農者数

(2) 新規雇用者調査

集計対象事項（T）の推定値を次に示す推定式により算出した。

［推定式］

$$T = \sum_{i=1}^{L} \frac{N_i}{n_i} \sum_{j=1}^{n_i} x_{ij}$$

N_i : 第 i 階層の母集団の大きさ（経営体数）

n_i : 第 i 階層の集計経営体数

L : 階層の数（農産物の販売金額規模階層等別）

x_{ij} : 第 i 階層の j 番目の集計経営体の x の調査値

(3) 新規参入者調査

調査値の合計により求めた。

11 実績精度

新規自営農業就農者数（4万2,750人）及び新規雇用就農者数（9,820人）についての実績精度を標準誤差率（％）（標準誤差の推定値÷推定値×100）により示すと、次表のとおりである。

区　分	標準誤差率
新規自営農業就農者数	3.2%
新規雇用就農者数	5.1%

12 用語の解説

新規就農者	新規自営農業就農者、新規雇用就農者及び新規参入者の3者をいう。
新規自営農業就農者	家族経営体の世帯員で、調査期日前1年間の生活の主な状態が、「学生」から「自営農業への従事が主」になった者及び「他に雇われて勤務が主」から「自営農業への従事が主」になった者をいう。
新規雇用就農者	調査期日前1年間に新たに法人等に常雇い（年間7か月以上）として雇用されることにより、農業に従事することとなった者（外国人研修生及び外国人技能実習生並びに雇用される直前の就業状態が農業従事者であった場合を除く。）をいう。
新規参入者	土地や資金を独自に調達（相続・贈与等により親の農地を譲り受けた場合を除く。）し、調査期日前1年間に新たに農業経営を開始した経営の責任者及び共同経営者をいう。 なお、共同経営者とは、夫婦がそろって就農、あるいは複数の新規就

	農者が法人を新設して共同経営を行っている場合における、経営の責任者の配偶者又はその他の共同経営者をいう。
部門	新規参入の時に主体として取り組むこととしている部門をいう。
新規学卒就農者	新規就農者のうち、自営農業就農者で「学生」から「自営農業への従事が主」になった者及び雇用就農者で雇用される直前に学生であった者をいう。
農業経営体	農産物の生産を行うか又は委託を受けて農作業を行い、生産又は作業に係る面積・頭数が、次の規定のいずれかに該当する事業を行う者をいう。 ア　経営耕地面積が 30 a 以上の規模の農業 イ　農作物の作付面積又は栽培面積、家畜の飼養頭羽数又は出荷頭羽数、その他の事業の規模が次の農業経営体の外形基準以上の規模の農業

      ① 露地野菜作付面積　　　　　　　　　　15 a
      ② 施設野菜栽培面積　　　　　　　　　350 ㎡
      ③ 果樹栽培面積　　　　　　　　　　　　10 a
      ④ 露地花き栽培面積　　　　　　　　　　10 a
      ⑤ 施設花き栽培面積　　　　　　　　　250 ㎡
      ⑥ 搾乳牛飼養頭数　　　　　　　　　　　1 頭
      ⑦ 肥育牛飼養頭数　　　　　　　　　　　1 頭
      ⑧ 豚飼養頭数　　　　　　　　　　　　　15 頭
      ⑨ 採卵鶏飼養羽数　　　　　　　　　　150 羽
      ⑩ ブロイラー年間出荷羽数　　　　1,000 羽
      ⑪ その他　　　　　　　　　　調査期日前 1 年間における農業生産物の総販売額 50 万円に相当する事業の規模

    ウ　農作業の受託の事業

家族経営体	1 世帯（雇用者の有無を問わない）で事業を行う者をいう。 なお、農家が法人化した形態である一戸一法人を含む。
組織経営体	世帯で事業を行わない者（家族経営体でない経営体）をいう。

13　東日本大震災の影響

(1)　平成 22 年調査

    新規参入者調査は、調査不能となった岩手県、宮城県及び福島県の全域並びに青森県の一部地域は含まれていない。

(2)　平成 23 年～26 年調査

調査不能となった福島県の一部地域を除いて、集計を行った。

(3) 平成27年～30年調査
就業状態調査及び新規雇用者調査は、本調査の母集団としているセンサスにおいて、福島県の一部地域の調査を実施できなかったため、本調査の結果には当該地域は含まれていない。

14 熊本地震の影響
平成27年の新規参入者調査は、調査票の回収が不能となった熊本県の4農業委員会は含まれていない。

15 利用上の注意
(1) 統計の表示について
ア 数値の四捨五入について
統計表の数値については、集計値の原数を下1桁で四捨五入しているため、合計値と内訳の計が一致しない場合がある。

イ 表中に使用した記号は、次のとおりである。
「0」：上記アの四捨五入によるもの（例：4人→0人）
「－」：事実のないもの
「△」：負数又は減少したもの

(2) 本統計の累年データについては、農林水産省ホームページ「統計情報」の分野別分類「農家数、担い手、農地など」の「新規就農者調査」で御覧いただけます。
【http://www.maff.go.jp/j/tokei/kouhyou/sinki/index.html#r】
なお、統計データ等に訂正等があった場合には、同ホームページに正誤表とともに修正後の統計表等を掲載します。

(3) この報告書に掲載された数値を他に転載する場合は、「平成30年新規就農者調査」（農林水産省）による旨を記載してください。

16 お問合せ先
農林水産省大臣官房統計部 経営・構造統計課センサス統計室 農林漁業担い手統計班
電　話：（代表）０３－３５０２－８１１１（内線３６６６）
　　　　（直通）０３－６７４４－２２４７
ＦＡＸ：　　　０３－５５１１－７２８２

※ 本調査に関する御意見・御要望は、「16　お問合せ先」のほか、農林水産省ホームページでも受け付けております。
【https://www.contactus.maff.go.jp/j/form/tokei/kikaku/160815.html】

I　調査結果の概要

1　新規就農者数

　平成 30 年の新規就農者は 5 万 5,810 人で前年並みに推移し、このうち 49 歳以下は 1 万 9,290 人で、7.1%減少した。

　就農形態別にみると、新規自営農業就農者は 4 万 2,750 人、新規雇用就農者は 9,820 人、新規参入者は 3,240 人となっている。

表1　新規就農者数の推移

単位：人

区分	計	49歳以下	就農形態別					
			新規自営農業就農者	49歳以下	新規雇用就農者	49歳以下	新規参入者	49歳以下
平成19年	73,460	21,050	64,420	14,850	7,290	5,380	1,750	820
20	60,000	19,840	49,640	12,020	8,400	6,960	1,960	860
21	66,820	20,040	57,400	13,240	7,570	5,870	1,850	930
22	54,570	17,970	44,800	10,910	8,040	6,120	1,730	940
23	58,120	18,600	47,100	10,460	8,920	6,960	2,100	1,180
24	56,480	19,280	44,980	10,540	8,490	6,570	3,010	2,170
25	50,810	17,940	40,370	10,090	7,540	5,800	2,900	2,050
26	57,650	21,860	46,340	13,240	7,650	5,960	3,660	2,650
27	65,030	23,030	51,020	12,530	10,430	7,980	3,570	2,520
28	60,150	22,050	46,040	11,410	10,680	8,170	3,440	2,470
29	55,670	20,760	41,520	10,090	10,520	7,960	3,640	2,710
30	55,810	19,290	42,750	9,870	9,820	7,060	3,240	2,360

図1　49歳以下の新規就農者数の推移（就農形態別）

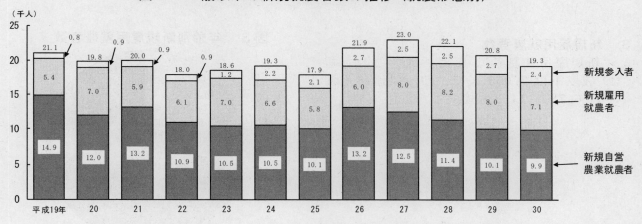

○　新規参入者については、平成 26 年調査から従来の「経営の責任者」に加え、新たに「共同経営者」を含めたため、利用に当たっては留意されたい。

2 新規自営農業就農者数

新規自営農業就農者は4万2,750人で、前年に比べ3.0%増加した。

このうち49歳以下は9,870人で、2.2%減少した。

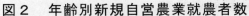

図2　年齢別新規自営農業就農者数

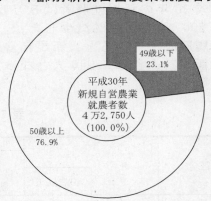

表2　新規自営農業就農者数

単位：人

区分	計	49歳以下	44歳以下	男女別 男	男女別 女
平成29年	41,520	10,090	8,400	32,610	8,910
30	42,750	9,870	7,710	33,090	9,660
増減率(%)	3.0	△ 2.2	△ 8.2	1.5	8.4
構成比(%)					
平成29年	100.0	24.3	20.2	78.5	21.5
30	100.0	23.1	18.0	77.4	22.6

3 新規雇用就農者数

新規雇用就農者は9,820人、このうち49歳以下は7,060人で、前年に比べそれぞれ6.7%、11.3%減少した。

図3　年齢別新規雇用就農者数

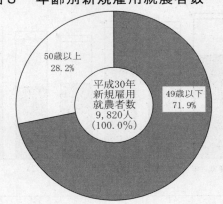

注：四捨五入により計と内訳の合計は一致しない。

表3　新規雇用就農者数

単位：人

区分	計	49歳以下	44歳以下	男女別 男	男女別 女
平成29年	10,520	7,960	7,180	6,870	3,650
30	9,820	7,060	6,330	6,620	3,200
増減率(%)	△ 6.7	△ 11.3	△ 11.8	△ 3.6	△ 12.3
構成比(%)					
平成29年	100.0	75.7	68.3	65.3	34.7
30	100.0	71.9	64.5	67.4	32.6

図4　年齢別新規参入者数

4　新規参入者数

　新規参入者は3,240人、このうち49歳以下は2,360人で、前年に比べそれぞれ11.0％、12.9％減少した。

　新規参入した部門別にみると、露地野菜作が1,060人と最も多く、次いで施設野菜作が670人、果樹作が510人となっている。

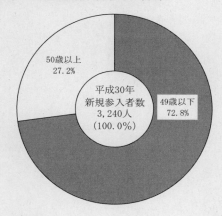

表4　経営の責任者・共同経営者別、男女別新規参入者数

単位：人

区分	計	49歳以下	44歳以下	経営の責任者・共同経営者 経営の責任者	共同経営者	男女別 男	女
平成29年	3,640	2,710	2,410	3,070	570	2,970	660
30	3,240	2,360	2,100	2,850	390	2,680	560
増減率（％）	△ 11.0	△ 12.9	△ 12.9	△ 7.2	△ 31.6	△ 9.8	△ 15.2
構成比（％）							
平成29年	100.0	74.5	66.2	84.3	15.7	81.6	18.1
30	100.0	72.8	64.8	88.0	12.0	82.7	17.3

表5　部門別新規参入者数

単位：人

区分	稲作	畑作	露地野菜作	施設野菜作	果樹作	花き作	その他の作物
平成30年	420	200	1,060	670	510	120	110
構成比（％）							
平成30年	13.0	6.2	32.7	20.7	15.7	3.7	3.4

区分	酪農	肉用牛	養豚	養鶏	その他
平成30年	40	80	0	20	10
構成比（％）					
平成30年	1.2	2.5	0.0	0.6	0.3

注：1　「畑作」とは、麦類、雑穀、いも類、豆類、工芸農作物をいう。
　　2　「花き作」とは、露地花き、施設花き、花木をいう。
　　3　「肉用牛」とは、繁殖牛、肥育牛をいう。
　　4　「養鶏」とは、ブロイラー、採卵鶏をいう。
　　5　「その他」とは、養蚕、その他の畜産をいう。

Ⅱ　統　計　表

1 就農形態別新規就農者数

区　分		計				新規自営農業就農者			
		平成27年	28	29	30	平成27年	28	29	30
男女計	(1)	65,030	60,150	55,670	55,810	51,020	46,040	41,520	42,750
49歳以下	(2)	23,030	22,050	20,760	19,290	12,530	11,410	10,090	9,870
44歳以下	(3)	19,760	19,020	17,980	16,140	10,070	9,390	8,400	7,710
15～19歳	(4)	1,380	1,020	860	1,020	400	310	240	280
20～29	(5)	7,410	7,140	6,850	5,340	3,520	3,420	3,060	2,150
30～39	(6)	7,310	7,190	6,840	6,450	3,970	3,620	3,280	3,400
40～44	(7)	3,660	3,680	3,430	3,330	2,190	2,040	1,810	1,880
45～49	(8)	3,270	3,040	2,780	3,160	2,460	2,020	1,700	2,160
50～59	(9)	9,690	7,800	8,600	7,390	8,150	6,320	7,100	5,850
60～64	(10)	15,900	13,450	10,800	12,290	14,920	12,240	9,820	11,280
65歳以上	(11)	16,400	16,850	15,520	16,840	15,420	16,080	14,500	15,750
男計	(12)	49,190	44,960	42,450	42,390	38,990	35,310	32,610	33,090
49歳以下	(13)	16,950	16,040	15,280	14,310	9,400	8,820	7,890	7,600
44歳以下	(14)	14,630	13,960	13,370	12,010	7,600	7,340	6,580	5,970
15～19歳	(15)	1,030	680	560	710	330	220	180	240
20～29	(16)	5,640	5,390	5,110	4,120	2,660	2,780	2,400	1,790
30～39	(17)	5,360	5,280	5,070	4,730	2,910	2,850	2,520	2,530
40～44	(18)	2,610	2,600	2,640	2,450	1,710	1,490	1,480	1,410
45～49	(19)	2,320	2,080	1,910	2,300	1,810	1,480	1,310	1,630
50～59	(20)	6,910	5,460	6,150	5,480	5,820	4,490	5,170	4,400
60～64	(21)	12,430	10,110	8,350	9,310	11,690	9,230	7,650	8,620
65歳以上	(22)	12,910	13,360	12,670	13,290	12,080	12,760	11,890	12,470
女計	(23)	15,840	15,190	13,230	13,420	12,030	10,740	8,910	9,660
49歳以下	(24)	6,080	6,020	5,480	4,980	3,130	2,590	2,200	2,270
44歳以下	(25)	5,130	5,060	4,610	4,130	2,480	2,060	1,820	1,740
15～19歳	(26)	360	340	300	310	70	90	60	50
20～29	(27)	1,770	1,740	1,750	1,210	860	650	660	360
30～39	(28)	1,950	1,900	1,770	1,720	1,060	770	770	870
40～44	(29)	1,050	1,070	790	880	480	550	330	470
45～49	(30)	950	960	870	860	650	540	390	530
50～59	(31)	2,790	2,340	2,440	1,910	2,330	1,820	1,930	1,450
60～64	(32)	3,470	3,340	2,450	2,980	3,230	3,010	2,170	2,660
65歳以上	(33)	3,490	3,490	2,850	3,550	3,340	3,310	2,610	3,280

単位：人

新規雇用就農者				新規参入者				
平成27年	28	29	30	平成27年	28	29	30	
10,430	10,680	10,520	9,820	3,570	3,440	3,640	3,240	(1)
7,980	8,170	7,960	7,060	2,520	2,470	2,710	2,360	(2)
7,360	7,410	7,180	6,330	2,320	2,210	2,410	2,100	(3)
970	700	600	730	20	10	20	10	(4)
3,290	3,220	3,240	2,680	600	490	560	510	(5)
2,170	2,450	2,340	2,030	1,170	1,120	1,220	1,020	(6)
930	1,050	1,000	890	540	590	620	560	(7)
620	760	780	730	200	260	300	260	(8)
1,160	1,130	1,150	1,180	390	360	340	360	(9)
700	950	740	840	290	260	240	180	(10)
590	420	670	750	380	350	350	340	(11)
7,300	6,890	6,870	6,620	2,890	2,770	2,970	2,680	(12)
5,510	5,220	5,170	4,750	2,040	2,000	2,220	1,960	(13)
5,150	4,820	4,820	4,300	1,890	1,810	1,980	1,750	(14)
690	450	350	460	20	10	20	10	(15)
2,470	2,200	2,240	1,890	510	420	470	440	(16)
1,520	1,540	1,560	1,360	940	900	990	850	(17)
480	640	670	590	420	470	500	450	(18)
360	400	360	450	150	200	240	220	(19)
780	690	710	780	310	280	280	290	(20)
510	670	500	550	230	210	200	140	(21)
500	310	490	540	320	280	290	280	(22)
3,120	3,780	3,650	3,200	680	670	660	560	(23)
2,470	2,960	2,790	2,320	480	470	490	400	(24)
2,220	2,600	2,360	2,030	440	410	440	350	(25)
280	250	240	260	−	0	0	0	(26)
830	1,030	1,000	790	80	70	90	70	(27)
650	910	780	670	230	220	230	180	(28)
460	410	340	310	120	110	120	110	(29)
250	360	430	290	50	60	60	50	(30)
380	440	450	390	80	80	70	70	(31)
190	280	240	290	60	50	40	30	(32)
90	110	180	210	60	70	60	60	(33)

2 新規自営農業就農者数

区　分	計	新規学卒就農者
男女計	42,750	1,100
49歳以下	9,870	1,100
44歳以下	7,710	1,100
15～19歳	280	270
20～29	2,150	830
30～39	3,400	0
40～44	1,880	－
45～49	2,160	－
50～59	5,850	－
60～64	11,280	－
65歳以上	15,750	－
男計	33,090	950
49歳以下	7,600	950
44歳以下	5,970	950
15～19歳	240	220
20～29	1,790	720
30～39	2,530	－
40～44	1,410	－
45～49	1,630	－
50～59	4,400	－
60～64	8,620	－
65歳以上	12,470	－
女計	9,660	150
49歳以下	2,270	150
44歳以下	1,740	150
15～19歳	50	50
20～29	360	100
30～39	870	0
40～44	470	－
45～49	530	－
50～59	1,450	－
60～64	2,660	－
65歳以上	3,280	－

3 新規雇用就農者数
(1) 出身別新規雇用就農者数

単位：人

区　分	計	新規学卒就農者	農家出身	新規学卒就農者	非農家出身	新規学卒就農者
男女計	9,820	1,820	1,780	310	8,040	1,510
49歳以下	7,060	1,820	1,100	310	5,960	1,510
44歳以下	6,330	1,820	1,010	310	5,310	1,510
15～19歳	730	690	60	50	670	640
20～29	2,680	1,100	510	260	2,170	840
30～39	2,030	30	350	－	1,680	30
40～44	890	－	100	－	800	－
45～49	730	－	90	－	650	－
50～59	1,180	－	270	－	910	－
60～64	840	－	160	－	680	－
65歳以上	750	－	250	－	500	－
男計	6,620	1,260	1,420	250	5,200	1,010
49歳以下	4,750	1,260	870	250	3,880	1,010
44歳以下	4,300	1,260	800	250	3,500	1,010
15～19歳	460	440	40	30	420	400
20～29	1,890	800	400	220	1,490	580
30～39	1,360	20	270	－	1,090	20
40～44	590	－	90	－	500	－
45～49	450	－	70	－	380	－
50～59	780	－	210	－	570	－
60～64	550	－	120	－	430	－
65歳以上	540	－	220	－	320	－
女計	3,200	570	360	60	2,850	500
49歳以下	2,320	570	230	60	2,090	500
44歳以下	2,030	570	220	60	1,820	500
15～19歳	260	260	10	10	250	240
20～29	790	310	110	50	680	260
30～39	670	10	80	－	600	10
40～44	310	－	10	－	300	－
45～49	290	－	20	－	270	－
50～59	390	－	50	－	340	－
60～64	290	－	40	－	250	－
65歳以上	210	－	30	－	180	－

3 新規雇用就農者数（続き）
(2) 雇用先の農産物販売金額規模別新規雇用就農者数

区 分		計	1)500万円未満	500～1,000	1,000～3,000	3,000～5,000	5,000万～1億円
男女計	(1)	9,820	920	540	1,460	1,130	1,320
49歳以下	(2)	7,060	560	390	940	710	980
44歳以下	(3)	6,330	440	320	820	630	920
15～19歳	(4)	730	30	40	50	70	90
20～29	(5)	2,680	130	110	390	220	390
30～39	(6)	2,030	230	120	250	210	320
40～44	(7)	890	60	60	120	140	120
45～49	(8)	730	120	70	130	80	60
50～59	(9)	1,180	180	60	190	110	120
60～64	(10)	840	90	50	180	60	160
65歳以上	(11)	750	90	40	160	240	60
男計	(12)	6,620	680	350	960	880	900
49歳以下	(13)	4,750	390	220	640	550	690
44歳以下	(14)	4,300	290	190	600	480	660
15～19歳	(15)	460	20	20	40	60	50
20～29	(16)	1,890	80	100	280	170	310
30～39	(17)	1,360	150	50	180	150	220
40～44	(18)	590	40	20	100	100	80
45～49	(19)	450	110	40	40	80	30
50～59	(20)	780	160	60	110	80	60
60～64	(21)	550	70	50	110	40	110
65歳以上	(22)	540	60	30	110	200	40
女計	(23)	3,200	230	190	500	250	420
49歳以下	(24)	2,320	170	170	300	160	290
44歳以下	(25)	2,030	160	130	220	150	260
15～19歳	(26)	260	10	20	20	10	40
20～29	(27)	790	50	10	110	50	80
30～39	(28)	670	80	60	80	50	100
40～44	(29)	310	20	40	20	40	40
45～49	(30)	290	10	30	90	10	30
50～59	(31)	390	20	-	90	30	60
60～64	(32)	290	20	10	70	20	50
65歳以上	(33)	210	30	20	50	40	30

注：1)は、「販売なし」を含む。

1～3	3～5	5億円以上	
1,970	700	1,790	(1)
1,450	560	1,460	(2)
1,350	500	1,350	(3)
140	70	230	(4)
680	190	570	(5)
330	160	410	(6)
200	80	140	(7)
100	60	110	(8)
240	70	200	(9)
190	10	100	(10)
80	60	30	(11)
1,140	480	1,230	(12)
870	390	990	(13)
810	360	920	(14)
80	50	140	(15)
470	120	370	(16)
150	120	340	(17)
120	70	70	(18)
60	30	70	(19)
150	40	130	(20)
80	10	80	(21)
50	40	30	(22)
820	220	560	(23)
590	170	470	(24)
540	140	430	(25)
70	10	90	(26)
210	70	200	(27)
180	40	80	(28)
80	10	70	(29)
40	40	40	(30)
90	30	70	(31)
110	-	20	(32)
30	20	-	(33)

3 新規雇用就農者数（続き）
(3) 就業上の地位別新規雇用就農者数

単位：人

区 分	新規雇用就農者	就業上の地位別	
		役員・構成員	その他
男女計	9,820	1,240	8,580
49歳以下	7,060	870	6,190
44歳以下	6,330	810	5,510
15～19歳	730	90	640
20～29	2,680	340	2,340
30～39	2,030	240	1,790
40～44	890	140	750
45～49	730	60	670
50～59	1,180	170	1,010
60～64	840	130	710
65歳以上	750	70	680
男計	6,620	960	5,660
49歳以下	4,750	620	4,120
44歳以下	4,300	600	3,700
15～19歳	460	60	400
20～29	1,890	240	1,650
30～39	1,360	200	1,160
40～44	590	100	490
45～49	450	20	430
50～59	780	160	630
60～64	550	110	430
65歳以上	540	60	480
女計	3,200	280	2,920
49歳以下	2,320	250	2,060
44歳以下	2,030	210	1,820
15～19歳	260	30	230
20～29	790	100	690
30～39	670	40	630
40～44	310	50	260
45～49	290	40	250
50～59	390	10	380
60～64	290	10	280
65歳以上	210	10	200

注： 「役員」とは、農業経営の責任を負っている者、又は業務執行、会計監査等の権限を有する者をいい、
「構成員」とは、任意組織等の法人格を有さない組織で経営に関与している者をいう。

4 新規参入者数
(1) 経営の責任者・共同経営者別新規参入者数

単位：人

区 分	新規参入者	経営の責任者・共同経営者別	
		経営の責任者	共同経営者
男女計	3,240	2,850	390
49歳以下	2,360	2,100	260
44歳以下	2,100	1,870	230
15〜19歳	10	10	0
20〜29	510	460	50
30〜39	1,020	900	130
40〜44	560	510	50
45〜49	260	240	30
50〜59	360	300	60
60〜64	180	160	20
65歳以上	340	280	60
男計	2,680	2,510	170
49歳以下	1,960	1,870	100
44歳以下	1,750	1,660	80
15〜19歳	10	10	－
20〜29	440	410	30
30〜39	850	810	40
40〜44	450	430	20
45〜49	220	200	10
50〜59	290	260	30
60〜64	140	140	0
65歳以上	280	250	30
女計	560	330	220
49歳以下	400	240	160
44歳以下	350	200	150
15〜19歳	0	－	0
20〜29	70	50	20
30〜39	180	90	90
40〜44	110	70	40
45〜49	50	30	20
50〜59	70	40	20
60〜64	30	20	10
65歳以上	60	40	20

4 新規参入者数（続き）
(2) 部門別新規参入者数

区　分		計	稲作	畑作	露地野菜作	施設野菜作	果樹作
男女計	(1)	3,240	420	200	1,060	670	510
49歳以下	(2)	2,360	230	110	800	590	360
44歳以下	(3)	2,100	190	90	720	540	310
15～19歳	(4)	10	0	0	0	0	－
20～29	(5)	510	40	20	190	130	70
30～39	(6)	1,020	100	40	340	270	160
40～44	(7)	560	40	30	190	140	80
45～49	(8)	260	40	20	70	50	50
50～59	(9)	360	70	40	90	40	70
60～64	(10)	180	40	20	50	20	30
65歳以上	(11)	340	90	30	120	20	50
男計	(12)	2,680	350	160	880	550	420
49歳以下	(13)	1,960	190	90	670	490	290
44歳以下	(14)	1,750	160	70	610	440	250
15～19歳	(15)	10	0	－	0	0	－
20～29	(16)	440	40	20	170	110	60
30～39	(17)	850	80	40	280	220	130
40～44	(18)	450	40	20	160	110	60
45～49	(19)	220	30	20	60	40	40
50～59	(20)	290	50	30	70	40	60
60～64	(21)	140	30	10	40	10	20
65歳以上	(22)	280	70	20	100	20	50
女計	(23)	560	70	40	170	110	90
49歳以下	(24)	400	30	20	120	100	60
44歳以下	(25)	350	20	20	110	100	60
15～19歳	(26)	0	0	0	－	－	－
20～29	(27)	70	0	0	20	20	10
30～39	(28)	180	20	10	60	50	30
40～44	(29)	110	0	10	30	30	20
45～49	(30)	50	10	0	10	10	10
50～59	(31)	70	10	10	20	10	10
60～64	(32)	30	10	10	10	0	10
65歳以上	(33)	60	20	10	20	0	10

注：1　「畑作」とは、麦類、雑穀、いも類、豆類、工芸農作物をいう。
　　2　「花き作」とは、露地花き、施設花き、花木をいう。
　　3　「肉用牛」とは、繁殖牛、肥育牛をいう。
　　4　「養鶏」とは、ブロイラー、採卵鶏をいう。
　　5　「その他」とは、養蚕、その他の畜産をいう。

花き作	その他の作物	酪農	肉用牛	養豚	養鶏	その他	
120	110	40	80	0	20	10	(1)
90	70	40	70	0	10	10	(2)
80	60	40	70	0	10	0	(3)
–	0	–	–	–	–	–	(4)
20	10	10	20	–	0	–	(5)
40	30	20	30	0	10	0	(6)
30	20	10	10	–	0	0	(7)
10	10	0	10	–	0	0	(8)
20	20	0	10	–	0	0	(9)
0	20	–	–	–	0	0	(10)
10	10	0	0	–	0	0	(11)
90	100	40	60	0	20	10	(12)
70	60	30	50	0	10	0	(13)
60	50	30	50	0	10	0	(14)
–	0	–	–	–	–	–	(15)
10	10	10	20	–	0	–	(16)
30	20	10	30	0	0	0	(17)
20	20	10	10	–	0	0	(18)
10	10	0	0	–	0	0	(19)
20	20	0	10	–	0	–	(20)
0	20	–	–	–	0	–	(21)
10	10	0	0	–	0	0	(22)
30	20	10	20	–	0	0	(23)
20	10	10	20	–	0	0	(24)
20	10	10	20	–	0	–	(25)
–	0	–	–	–	–	–	(26)
0	0	0	10	–	–	–	(27)
10	0	0	10	–	0	–	(28)
10	0	0	0	–	–	–	(29)
0	0	0	0	–	–	0	(30)
0	0	0	0	–	–	0	(31)
0	0	–	–	–	–	0	(32)
0	0	0	–	–	0	–	(33)

5 新たに自営農業が主となった世帯員の就農以前の就業状態別人数

区　分		計	就農以前の就業状態別				
			他に勤務①	学生②	農業以外の自営業③	家事・育児④	その他⑤
男女計	(1)	65,860	41,660	1,100	3,980	9,550	9,580
49歳以下	(2)	13,880	8,770	1,100	720	2,160	1,130
44歳以下	(3)	10,870	6,620	1,100	510	1,660	980
15～19歳	(4)	290	20	270	－	－	10
20～29	(5)	2,590	1,330	830	50	150	240
30～39	(6)	5,200	3,400	0	320	1,060	430
40～44	(7)	2,780	1,880	－	150	460	310
45～49	(8)	3,010	2,160	－	210	500	140
50～59	(9)	7,840	5,850	－	310	1,050	630
60～64	(10)	14,120	11,280	－	760	1,310	780
65歳以上	(11)	30,020	15,750	－	2,190	5,030	7,050
男計	(12)	42,850	32,150	950	3,320	100	6,340
49歳以下	(13)	9,140	6,650	950	670	70	810
44歳以下	(14)	7,190	5,020	950	480	50	700
15～19歳	(15)	250	20	220	－	－	10
20～29	(16)	2,060	1,070	720	40	30	190
30～39	(17)	3,180	2,530	－	300	20	330
40～44	(18)	1,720	1,410	－	140	－	170
45～49	(19)	1,950	1,630	－	200	20	110
50～59	(20)	4,970	4,400	－	220	－	340
60～64	(21)	9,680	8,620	－	600	－	460
65歳以上	(22)	19,060	12,470	－	1,820	30	4,730
女計	(23)	23,010	9,510	150	660	9,450	3,240
49歳以下	(24)	4,740	2,120	150	50	2,090	320
44歳以下	(25)	3,680	1,590	150	40	1,610	280
15～19歳	(26)	50	0	50	－	－	－
20～29	(27)	530	260	100	0	120	50
30～39	(28)	2,030	870	0	20	1,040	100
40～44	(29)	1,070	470	－	10	460	130
45～49	(30)	1,060	530	－	10	480	40
50～59	(31)	2,880	1,450	－	90	1,050	290
60～64	(32)	4,450	2,660	－	160	1,310	320
65歳以上	(33)	10,960	3,280	－	370	5,000	2,320

注：1　「他に勤務①」とは、農業以外に勤務、農業法人等に勤務をいう。
　　2　「新規自営農業就農者⑥」には、就農以前の就業状態が「農業以外の自営業③」、「家事・育児④」及び「その他⑤」を含めない。
　　3　「新たに親の経営を継承」とは、親の経営を継承して経営の責任者になった者をいう。
　　4　「親の経営とは別部門を新たに開始」とは、新たに親とは別部門の経営を開始し、その部門の経営の責任者になった者をいう。

新規自営農業就農者			
⑥＝①＋②	新たに親の経営を継承	親の経営とは別部門を新たに開始	
42,750	7,760	670	(1)
9,870	2,540	400	(2)
7,710	1,870	350	(3)
280	20	－	(4)
2,150	390	80	(5)
3,400	1,070	120	(6)
1,880	390	160	(7)
2,160	670	50	(8)
5,850	1,570	190	(9)
11,280	2,270	80	(10)
15,750	1,380	－	(11)
33,090	7,130	490	(12)
7,600	2,240	300	(13)
5,970	1,600	250	(14)
240	20	－	(15)
1,790	340	60	(16)
2,530	910	100	(17)
1,410	340	90	(18)
1,630	640	50	(19)
4,400	1,470	110	(20)
8,620	2,210	80	(21)
12,470	1,210	－	(22)
9,660	630	180	(23)
2,270	310	110	(24)
1,740	270	110	(25)
50	－	－	(26)
360	60	20	(27)
870	160	20	(28)
470	50	70	(29)
530	40	－	(30)
1,450	100	80	(31)
2,660	60	－	(32)
3,280	170	－	(33)

6 新たに雇用された者の就業状態別雇用者数

区　分		新規雇用者					
		計 ①=②+⑩	農作業に従事した者				
			小計 ②	雇用される直前の主な就業状態			
				自営農業 ③	農業法人等に勤務 ④	農業以外の自営業 ⑤	農業以外に勤務 ⑥
男女計	(1)	14,610	12,220	710	1,690	280	6,110
49歳以下	(2)	10,010	8,470	220	1,190	130	4,070
44歳以下	(3)	8,900	7,600	190	1,090	120	3,450
15～19歳	(4)	960	750	-	30	-	30
20～29	(5)	3,670	3,180	10	480	10	1,140
30～39	(6)	2,910	2,540	90	420	80	1,530
40～44	(7)	1,370	1,140	90	160	30	740
45～49	(8)	1,110	870	30	110	10	620
50～59	(9)	1,820	1,480	80	230	50	960
60～64	(10)	1,360	1,080	110	130	20	660
65歳以上	(11)	1,420	1,200	310	140	80	430
男計	(12)	9,670	8,440	530	1,290	240	4,420
49歳以下	(13)	6,580	5,800	150	900	110	3,000
44歳以下	(14)	5,910	5,230	130	810	100	2,600
15～19歳	(15)	600	490	-	30	-	30
20～29	(16)	2,480	2,210	10	300	10	880
30～39	(17)	1,960	1,760	50	360	70	1,150
40～44	(18)	870	770	60	130	20	540
45～49	(19)	670	560	30	80	10	400
50～59	(20)	1,160	990	40	160	50	700
60～64	(21)	930	750	90	120	20	430
65歳以上	(22)	1,010	900	250	110	60	300
女計	(23)	4,940	3,780	180	400	40	1,680
49歳以下	(24)	3,440	2,670	70	300	20	1,070
44歳以下	(25)	3,000	2,370	70	270	20	850
15～19歳	(26)	360	260	-	-	-	10
20～29	(27)	1,190	970	-	180	10	260
30～39	(28)	950	770	40	60	10	390
40～44	(29)	500	370	20	40	10	200
45～49	(30)	440	310	-	20	-	220
50～59	(31)	660	490	40	60	-	260
60～64	(32)	430	320	20	10	-	230
65歳以上	(33)	420	300	60	30	20	130

注：1　「農作業以外のみに従事した者⑩」とは、経理事務、出荷・運搬、自家生産農産物の加工、販路の開拓、営農資金調達等に従事した者であり、「新規雇用就農者⑪」に含まれない。
　　2　「新規雇用就農者⑪」には、当該農業法人等に雇用される直前の主な就業状態が「自営農業③」及び「農業法人等に勤務④」（農業従事者であった者）を含めない。

家事・育児 ⑦	学生 ⑧	その他 ⑨	農作業以外のみに従事した者 ⑩	新規雇用就農者 ⑪＝⑤+⑥+⑦+⑧+⑨	
570	1,820	1,040	2,390	9,820	(1)
410	1,820	620	1,540	7,060	(2)
360	1,820	580	1,300	6,330	(3)
–	690	–	210	730	(4)
60	1,100	360	490	2,680	(5)
210	30	180	370	2,030	(6)
80	–	40	230	890	(7)
60	–	50	240	730	(8)
90	–	90	340	1,180	(9)
40	–	130	280	840	(10)
30	–	200	220	750	(11)
10	1,260	680	1,230	6,620	(12)
10	1,260	370	780	4,750	(13)
10	1,260	330	680	4,300	(14)
–	440	–	110	460	(15)
–	800	210	280	1,890	(16)
10	20	100	200	1,360	(17)
–	–	20	100	590	(18)
–	–	40	100	450	(19)
–	–	40	170	780	(20)
–	–	100	180	550	(21)
–	–	170	110	540	(22)
550	570	360	1,160	3,200	(23)
400	570	260	760	2,320	(24)
340	570	250	630	2,030	(25)
–	260	–	100	260	(26)
60	310	150	220	790	(27)
200	10	80	170	670	(28)
80	–	20	130	310	(29)
60	–	10	140	290	(30)
90	–	50	170	390	(31)
40	–	30	110	290	(32)
30	–	30	120	210	(33)

付　調査票
　　農業構造動態調査票（家族経営体）
　　農業構造動態調査票（組織経営体）
　　新規就農者調査　就業状態調査票
　　新規就農者調査　新規雇用者調査票
　　新規就農者調査　新規参入者調査票

別添1

秘
農 林 水 産 省

⇐ ⇐ ⇐ 入力方向

1	0	7	1

政府統計

統計法に基づく国の統計調査です。調査票情報の秘密の保護に万全を期します。

農業構造動態調査票
（家族経営体）
平成31年2月1日現在

記入する前に、必ず「調査票の記入の仕方」をご覧ください。
この調査票は、統計以外の目的には使用しませんので、ありのままを記入してください。
なお、記入には黒色の濃い鉛筆または、シャープペンシルを使用してください。
ご協力をよろしくお願いします。

《記入上の注意》
★数字は枠からはみ出さないように記入してください。　　★○印は点線に沿って記入してください。

記入例	0 1 2 3 4 5 6 7 8 9	記入例	①

★間違った場合は、消しゴムで跡が残らないよう、きれいに消してください。

【1】 経営体の概要

1 経営は会社等の法人化をしていますか。
該当するものに○を記入してください。

		111
法 人 で な い		①
法人である	農事組合法人	②
	会 社	③
	その他の法人	④

2 各種制度を利用するなど、農業経営の取組について、該当するものすべてに○を記入してください。

世帯員に認定農業者がいる	121	①
世帯員に認定新規就農者がいる	122	①
集落営農へ参加している	123	①

【2】 土 地

1 田、樹園地、畑の面積を記入してください。
（けい畔を含めます。）

			（町）（反）（畝） ha ・ a
田	所有している田は（原野化しているもの等、現況が農地でないものを除きます。）	211	・ ・ ・ ・ ・ ・
	うち、他に貸している田は（経営を委託している田を含みます。）	212	・ ・ ・ ・ ・ ・
	うち、耕作を放棄した田は（過去1年間以上作付けせず、今後も作付けする考えのない田）	213	・ ・ ・ ・ ・ ・
	他から借り入れている田は（経営を受託している田を含みます。）	214	・ ・ ・ ・ ・ ・
	田の経営耕地 （211 − 212 − 213 + 214）	215	・ ・ ・ ・ ・ ・
樹園地	所有している樹園地は（原野化しているもの等、現況が農地でないものを除きます。）	216	・ ・ ・ ・ ・ ・
	うち、他に貸している樹園地は（経営を委託している樹園地を含みます。）	217	・ ・ ・ ・ ・ ・
	うち、耕作を放棄した樹園地は（過去1年間以上栽培せず、今後も栽培する考えのない樹園地）	218	・ ・ ・ ・ ・ ・
	他から借り入れている樹園地は（経営を受託している樹園地を含みます。）	219	・ ・ ・ ・ ・ ・
	樹園地の経営耕地 （216 − 217 − 218 + 219）	220	
畑	所有している畑は（原野化しているもの等、現況が農地でないものを除きます。）	221	・ ・ ・ ・ ・ ・
	うち、他に貸している畑は（経営を委託している畑を含みます。）	222	・ ・ ・ ・ ・ ・
	うち、耕作を放棄した畑は（過去1年間以上作付けせず、今後も作付けする考えのない畑）	223	・ ・ ・ ・ ・ ・
	他から借り入れている畑は（経営を受託している畑を含みます。）	224	・ ・ ・ ・ ・ ・
	畑の経営耕地 （221 − 222 − 223 + 224）	225	

2 過去1年間に、販売目的で水稲を作付けしましたか。
作付け（栽培）のべ面積を記入してください。
（けい畔は含めません。）
（始めから販売を目的とせず、自給用に作付け（栽培）した面積は含めないでください。）

	（町）（反）（畝） ha ・ a
231	・ ・ ・ ・ ・ ・

【3】 世帯

1 世帯員は何人ですか。

男（人）	101	： ：
女（人）	102	： ：

2 満14歳以下の世帯員（平成14年2月1日以降に生まれた人）は何人ですか。

男（人）	103	： ：
女（人）	104	： ：

3 満15歳以上の世帯員（平成14年1月31日までに生まれた人）について記入してください。

続柄番号
- 01:世帯主
- 02:世帯主の配偶者
- 03:子
- 04:子の配偶者
- 05:世帯主の父母
- 06:世帯主の配偶者の父母
- 07:兄弟姉妹
- 08:祖父母
- 09:孫
- 10:孫の配偶者
- 11:その他

元号
1:明治　2:大正　3:昭和　4:平成

①	② 世帯主との続柄（続柄番号を記入）	③ 男女別		④ 出生の年月			⑤ 自営農業に従事した日数								⑥ 過去1年間の生活の主な状態 仕事が主									⑦ 自営農業以外に従事しましたか	⑧ 従事日数が多いのはどちらですか		⑨ 自営農業の経営主である	自営農業の経営方針の決定に関わっている
		男	女	元号	年	月	従事しなかった	1〜29日	30〜59日	60〜99日	100〜149日	150〜199日	200〜249日	250日以上	主に自営農業	新たに親の経営とは別部門を新たに開始	親の経営を継承	主に農業法人等に勤務	主に農業以外の自営業	主に農業以外に勤務	家事・育児	学生（研修を含む。）	左記以外		自営農業	自営農業以外		
世帯主	0 1	①	②	：	： ：	： ：	①	②	③	④	⑤	⑥	⑦	⑧	①	②	③	④	⑤	⑥	⑦	⑧	⑨	①	①	②	①	①
世帯員1	： ：	①	②	：	： ：	： ：	①	②	③	④	⑤	⑥	⑦	⑧	①	②	③	④	⑤	⑥	⑦	⑧	⑨	①	①	②	①	①
世帯員2	： ：	①	②	：	： ：	： ：	①	②	③	④	⑤	⑥	⑦	⑧	①	②	③	④	⑤	⑥	⑦	⑧	⑨	①	①	②	①	①
世帯員3	： ：	①	②	：	： ：	： ：	①	②	③	④	⑤	⑥	⑦	⑧	①	②	③	④	⑤	⑥	⑦	⑧	⑨	①	①	②	①	①
世帯員4	： ：	①	②	：	： ：	： ：	①	②	③	④	⑤	⑥	⑦	⑧	①	②	③	④	⑤	⑥	⑦	⑧	⑨	①	①	②	①	①
世帯員5	： ：	①	②	：	： ：	： ：	①	②	③	④	⑤	⑥	⑦	⑧	①	②	③	④	⑤	⑥	⑦	⑧	⑨	①	①	②	①	①
世帯員6	： ：	①	②	：	： ：	： ：	①	②	③	④	⑤	⑥	⑦	⑧	①	②	③	④	⑤	⑥	⑦	⑧	⑨	①	①	②	①	①
世帯員7	： ：	①	②	：	： ：	： ：	①	②	③	④	⑤	⑥	⑦	⑧	①	②	③	④	⑤	⑥	⑦	⑧	⑨	①	①	②	①	①

⑦の「自営農業以外に従事しましたか」に〇印がある場合は4の自営農業か自営農業以外かに〇を記入してください。

4 世帯全体としての所得は自営農業と自営農業以外のどちらが主ですか。該当する番号に〇を記入してください。（⑦に〇印がある場合のみ記入してください。） 105

自営農業	①
自営農業以外	②

【4】 農業労働力

1 過去1年間に農業経営のために常雇いした人（あらかじめ年間7か月以上の契約で雇った人）について、男女別・年齢別に実人数を記入してください。（世帯員は含めません。）

実人数	男（人）	女（人）	実人数	男（人）	女（人）
15〜19歳 411	： ：	425 ： ：	50〜54歳 418	： ：	432 ： ：
20〜24歳 412	： ：	426 ： ：	55〜59歳 419	： ：	433 ： ：
25〜29歳 413	： ：	427 ： ：	60〜64歳 420	： ：	434 ： ：
30〜34歳 414	： ：	428 ： ：	65〜69歳 421	： ：	435 ： ：
35〜39歳 415	： ：	429 ： ：	70〜74歳 422	： ：	436 ： ：
40〜44歳 416	： ：	430 ： ：	75歳以上 423	： ：	437 ： ：
45〜49歳 417	： ：	431 ： ：	計 424	： ：	438 ： ：

2 過去1年間に日雇・季節雇などで、農業経営のために臨時雇いした人（手伝い等を含みます。）について、男女別に実人数を記入してください。（臨時雇いには、農業研修生、手間替え、ゆい（労働交換）なども含みます。）

		実人数
男（人）	441	： ： ：
女（人）	442	： ： ：

【5】 農産物の販売

1　過去1年間の農産物の販売金額（売上高）の合計（畜産物、まゆ、栽培きのこ、養蜂も含みます。）について、該当するものに〇を記入してください。

販売	511
販　　売　　な　　し	⑴
1 5 　万　円　未　満	⑵
1 5 　〜　　 5 0 万円未満	⑶
5 0 　〜　 1 0 0 万円未満	⑷
1 0 0 　〜　 2 0 0 万円未満	⑸
2 0 0 　〜　 3 0 0 万円未満	⑹
3 0 0 　〜　 5 0 0 万円未満	⑺
5 0 0 　〜　 7 0 0 万円未満	⑻
7 0 0 　〜 1 0 0 0 万円未満	⑼
1 0 0 0 　〜 1 5 0 0 万円未満	⑽
1 5 0 0 　〜 2 0 0 0 万円未満	⑾
2 0 0 0 　〜 3 0 0 0 万円未満	⑿
3 0 0 0 　〜 5 0 0 0 万円未満	⒀
5 0 0 0 万　〜　 1 億円未満	⒁
1 　〜　 3 億円未満	⒂
3 　〜　 5 億円未満	⒃
5 　億　円　以　上	⒄

2　過去1年間に販売した農産物のすべての出荷先と、そのうち売り上げが最も多かった出荷先に〇を記入してください。
　　（【5】の1で農産物の販売金額があると答えた方のみ記入してください。）

		出荷先			うち売上1位の出荷先	532
農　　　　　　協	521	①				①
農協以外の集出荷団体	522	①				②
卸　売　市　場	523	①				③
小　売　業　者	524	①				④
食　品　製　造　業	525	①				⑤
外　食　産　業	526	①				⑥
消費者に直接販売　自営の農産物直売所で	527	①				
その他の農産物直売所で	528	①				
インターネットで	529	①				⑦
他の方法で（無人販売など）	530	①				
そ　　の　　他	531	①				⑧

3　過去1年間の農産物の部門別販売金額の順位とその割合はどれくらいですか。
　　（【5】の1で農産物の販売金額があると答えた方のみ記入してください。）

> その他作物には、ホールクロップサイレージ用稲や飼料用米など食用以外の用途に作付けた稲や販売を目的として栽培した水稲苗、野菜苗、果樹苗、造林用の苗木、芝、飼料作物及び青刈り作物も含みます。

	水稲・陸稲	麦類	雑穀・いも類・豆類	工芸農作物	露地野菜	施設野菜	果樹類	花き・花木	その他作物	酪農	肉用牛	養豚	養鶏	その他畜産
	533	534	535	536	537	538	539	540	541	542	543	544	545	546
1位	①	①	①	①	①	①	①	①	①	①	①	①	①	①
2位	②	②	②	②	②	②	②	②	②	②	②	②	②	②
3位	③	③	③	③	③	③	③	③	③	③	③	③	③	③
割	: :	: :	: :	: :	: :	: :	: :	: :	: :	: :	: :	: :	: :	: :

【6】 農作業の受託（引き受け）

1 過去1年間の農作業の受託（引き受け）による料金収入について、該当するものに○を記入してください。

2 過去1年間によそから受託（引き受け）した農作業について、受託（引き受け）したものすべてに○を記入してください。（【6】の1で農作業の受託料金収入があると答えた方のみ記入してください。）

	611
収　入　な　し	(01)
1 5 　万　円　未　満	(02)
1 5 　～　　　5 0 万円未満	(03)
5 0 　～　　1 0 0 万円未満	(04)
1 0 0 　～　　2 0 0 万円未満	(05)
2 0 0 　～　　3 0 0 万円未満	(06)
3 0 0 　～　　5 0 0 万円未満	(07)
5 0 0 　～　　7 0 0 万円未満	(08)
7 0 0 　～　1 0 0 0 万円未満	(09)
1 0 0 0 　～　1 5 0 0 万円未満	(10)
1 5 0 0 　～　2 0 0 0 万円未満	(11)
2 0 0 0 　～　3 0 0 0 万円未満	(12)
3 0 0 0 　～　5 0 0 0 万円未満	(13)
5 0 0 0 万　～　　1 億円未満	(14)
1 　～　　3 億円未満	(15)
3 　～　　5 億円未満	(16)
5 　億　円　以　上	(17)

水　　稲　　作	621	(1)
麦　　　　　作	622	(1)
大　　豆　　作	623	(1)
野　　菜　　作	624	(1)
果　　樹　　作	625	(1)
飼 料 用 作 物 作	626	(1)
工 芸 農 作 物 作	627	(1)
そ の 他 作 物 作	628	(1)
畜　　　　　産	629	(1)

【7】 農業経営の特徴

1 農業生産に関連した事業を行っていますか。該当するものすべてに○を記入してください。（「農産物の加工」には、自家用分の加工を含めません。）

2 農業経営の管理について該当するものすべてに○を記入してください。

行 っ て い な い		711	(1)
行っている	農 産 物 の 加 工	712	(1)
	貸農園・体験農園等	713	(1)
	観 　光 　農 　園	714	(1)
	農 　家 　民 　宿	715	(1)
	農 家 レ ス ト ラ ン	716	(1)
	海 外 へ の 輸 出	717	(1)
	そ 　　の 　　他	718	(1)

家計との資金区分を行っている	721	(1)
複 式 簿 記 を 行 っ て い る	722	(1)
指標等を活用して経営改善を行 っ て い る	723	(1)
経営の専門家から助言・指導を受 け て い る	724	(1)

調査はここで終わりです。
ご協力ありがとうございました。

※ 本調査票はUDフォント（UD＝Universal Design）を使用しています。

連 絡 先
調 査 員 氏 名
電 話 番 号

－ 4 －

別添2

秘
農林水産省

【基本指標番号】

都道府県番号	管理番号	区分	経営体番号
・ ・	・ ・	・ ・ ・	・ ・ ・ ・ ・ ・

⇐ ⇐ ⇐ 入力方向

1	0	8	1

農業構造動態調査票
（組織経営体）
平成31年2月1日現在

政府統計

統計法に基づく国の統計調査です。調査票情報の秘密の保護に万全を期します。

記入する前に、必ず「調査票の記入の仕方」をご覧ください。
この調査票は、**統計以外の目的には使用しません**ので、ありのままを記入してください。
なお、記入には**黒色の濃い鉛筆**または、**シャープペンシル**を使用してください。
ご協力をよろしくお願いします。
《記入上の注意》
　★数字は枠からはみ出さないように記入してください。　　★○印は点線に沿って記入してください。

記入例　0 1 2 3 4 5 6 7 8 9　　記入例　①

　★間違った場合は、消しゴムで跡が残らないよう、きれいに消してください。

【1】経営体の概要

1 経営は会社等の法人化をしていますか。
　該当するものに○を記入してください。

		111	
		前年	本年
法人でない		1	①
法人である	農事組合法人	2	②
	会　　社	3	③
	各種団体	4	④
	その他の法人	5	⑤

2 各種制度を利用するなど、農業経営の取組について、該当するものすべてに○を記入してください。

		前年	本年
認定農業者であるか、組織内に認定農業者がいる	121	1	①
認定新規就農者である	122	1	①

【2】土地

1 田、樹園地、畑の面積を記入してください。
（けい畔を含めます。）

			前年 (町)(反)(畝) ha　　　a	本年 (町)(反)(畝) ha　　　a
田	所有している田は （原野化しているもの等、現況が農地でないものを除きます。）	211		
	うち、他に貸している田は （経営を委託している田を含みます。）	212		
	うち、耕作を放棄した田は （過去1年間以上作付けせず、今後も作付けする考えのない田）	213		
	他から借り入れている田は （経営を受託している田を含みます。）	214		
	田の経営耕地（211－212－213＋214）	215		
樹園地	所有している樹園地は （原野化しているもの等、現況が農地でないものを除きます。）	216		
	うち、他に貸している樹園地は （経営を委託している樹園地を含みます。）	217		
	うち、耕作を放棄した樹園地は （過去1年間以上栽培せず、今後も栽培する考えのない樹園地）	218		
	他から借り入れている樹園地は （経営を受託している樹園地を含みます。）	219		
	樹園地の経営耕地（216－217－218＋219）	220		
畑	所有している畑は （原野化しているもの等、現況が農地でないものを除きます。）	221		
	うち、他に貸している畑は （経営を委託している畑を含みます。）	222		
	うち、耕作を放棄した畑は （過去1年間以上作付けせず、今後も作付けする考えのない畑）	223		
	他から借り入れている畑は （経営を受託している畑を含みます。）	224		
	畑の経営耕地（221－222－223＋224）	225		

－ 1 －

2 過去1年間に、販売目的で水稲を作付けしましたか。
作付け（栽培）のべ面積を記入してください。（けい畔は含めません。）
（始めから販売を目的とせず、自給用に作付け（栽培）した面積は含めないでください。）

	前　年	（町）（反）（畝） ha　　　　a	本　年	（町）（反）（畝） ha　　　　a
231				

【3】 農業労働力

1 経営の責任者及び役員で、過去1年間に農業経営に従事（管理労働を含む）した人のうち、
経営の責任者については該当する男女別・年齢別欄に〇を一つ、役員については男女別・年齢別に
実人数を記入してください。（法人の場合のみ記入してください。）

			15～19歳	20～24歳	25～29歳	30～34歳	35～39歳	40～44歳	45～49歳	50～54歳	55～59歳	60～64歳	65～69歳	70～74歳	75歳以上
経営の責任者	男		311	312	313	314	315	316	317	318	319	320	321	322	323
		前年	01	02	03	04	05	06	07	08	09	10	11	12	13
		本年	⑴	⑵	⑶	⑷	⑸	⑹	⑺	⑻	⑼	⑽	⑾	⑿	⒀
	女		324	325	326	327	328	329	330	331	332	333	334	335	336
		前年	14	15	16	17	18	19	20	21	22	23	24	25	26
		本年	⒁	⒂	⒃	⒄	⒅	⒆	⒇	21	22	23	24	25	26
役員	男		337	338	339	340	341	342	343	344	345	346	347	348	349
		前年													
		本年													
	女		350	351	352	353	354	355	356	357	358	359	360	361	362
		前年													
		本年													

2 過去1年間に農業経営のために常雇いした人（あらかじめ年間7か月以上の契約で雇った人）について、
男女別・年齢別に実人数を記入してください。（経営の責任者・役員・集落営農組織の構成員は含めません。）

		15～19歳	20～24歳	25～29歳	30～34歳	35～39歳	40～44歳	45～49歳	50～54歳	55～59歳	60～64歳	65～69歳	70～74歳	75歳以上	計
男		371	372	373	374	375	376	377	378	379	380	381	382	383	384
	前年														
	本年														
女		385	386	387	388	389	390	391	392	393	394	395	396	397	398
	前年														
	本年														

3 過去1年間に日雇・季節雇などで、農業経営のために臨時雇いした人（手伝い等を含みます。）について、
男女別に実人数を記入してください。（臨時雇いには、農業研修生、手間替え、ゆい（労働交換）なども含みます。）

		実人数	
		前年	本年
399	男（人）		
400	女（人）		

【4】 農産物の販売

1 過去1年間の農産物の販売金額（売上高）の合計（畜産物、まゆ、栽培きのこ、養蜂も含みます。）について、該当するものに〇を記入してください。

2 過去1年間に販売した農産物のすべての出荷先と、そのうち売り上げが最も多かった出荷先に〇を記入してください。

（【4】の1で農産物の販売金額があると答えた方のみ記入してください。）

411		
	前年	本年
販　売　な　し	01	(01)
15　万　円　未　満	02	(02)
15　～　　50万円未満	03	(03)
50　～　　100万円未満	04	(04)
100　～　200万円未満	05	(05)
200　～　300万円未満	06	(06)
300　～　500万円未満	07	(07)
500　～　700万円未満	08	(08)
700　～　1000万円未満	09	(09)
1000　～　1500万円未満	10	(10)
1500　～　2000万円未満	11	(11)
2000　～　3000万円未満	12	(12)
3000　～　5000万円未満	13	(13)
5000万　～　1億円未満	14	(14)
1　～　3億円未満	15	(15)
3　～　5億円未満	16	(16)
5　億　円　以　上	17	(17)

	出荷先			432	
		前年	本年		前年	本年
農　　協	421	1	(1)		1	(1)
農協以外の集出荷団体	422	1	(1)		2	(2)
卸　売　市　場	423	1	(1)		3	(3)
小　売　業　者	424	1	(1)	うち売上1位の出荷先	4	(4)
食　品　製　造　業	425	1	(1)		5	(5)
外　食　産　業	426	1	(1)		6	(6)
消費者に直接販売　自営の農産物直売所で	427	1	(1)			
その他の農産物直売所で	428	1	(1)			
インターネットで	429	1	(1)		7	(7)
他の方法で(無人販売など)	430	1	(1)			
そ　の　他	431	1	(1)		8	(8)

SAMPLE

3 過去1年間の農産物の部門別販売金額の順位とその割合はどれくらいですか。

（【4】の1で農産物の販売金額があると答えた方のみ記入してください。）

> その他作物には、ホールクロップサイレージ用稲や飼料用米など食用以外の用途に作付けた稲や販売を目的として栽培した水稲苗、野菜苗、果樹苗、造林用の苗木、芝、飼料作物及び青刈り作物も含みます。

		水稲・陸稲	麦類	雑穀・いも類・豆類	工芸農作物	露地野菜	施設野菜	果樹類	花き・花木	その他作物	酪農	肉用牛	養豚	養鶏	その他畜産
		433	434	435	436	437	438	439	440	441	442	443	444	445	446
前年	1位	1	1	1	1	1	1	1	1	1	1	1	1	1	1
	2位	2	2	2	2	2	2	2	2	2	2	2	2	2	2
	3位	3	3	3	3	3	3	3	3	3	3	3	3	3	3
	割														
本年	1位	(1)	(1)	(1)	(1)	(1)	(1)	(1)	(1)	(1)	(1)	(1)	(1)	(1)	(1)
	2位	(2)	(2)	(2)	(2)	(2)	(2)	(2)	(2)	(2)	(2)	(2)	(2)	(2)	(2)
	3位	(3)	(3)	(3)	(3)	(3)	(3)	(3)	(3)	(3)	(3)	(3)	(3)	(3)	(3)
	割														

【5】 農作業の受託（引き受け）

1 過去1年間の農作業の受託（引き受け）による料金収入について、該当するものに〇を記入してください。

		511 前年	511 本年
収　　入　　な　　し	01		(01)
1 5 　 万 　 円 　 未 　 満	02		(02)
1 5 　 〜 　 　 5 0 万 円 未 満	03		(03)
5 0 　 〜 　 　 1 0 0 万 円 未 満	04		(04)
1 0 0 　 〜 　 　 2 0 0 万 円 未 満	05		(05)
2 0 0 　 〜 　 　 3 0 0 万 円 未 満	06		(06)
3 0 0 　 〜 　 　 5 0 0 万 円 未 満	07		(07)
5 0 0 　 〜 　 　 7 0 0 万 円 未 満	08		(08)
7 0 0 　 〜 　 1 0 0 0 万 円 未 満	09		(09)
1 0 0 0 　 〜 　 1 5 0 0 万 円 未 満	10		(10)
1 5 0 0 　 〜 　 2 0 0 0 万 円 未 満	11		(11)
2 0 0 0 　 〜 　 3 0 0 0 万 円 未 満	12		(12)
3 0 0 0 　 〜 　 5 0 0 0 万 円 未 満	13		(13)
5 0 0 0 万 　 〜 　 1 億 円 未 満	14		(14)
1 　 〜 　 3 億 円 未 満	15		(15)
3 　 〜 　 5 億 円 未 満	16		(16)
5 　 億 　 円 　 以 　 上	17		(17)

2 過去1年間によそから受託（引き受け）した農作業について、受託（引き受け）したものすべてに〇を記入してください。
（【5】の1で農作業の受託料金収入があると答えた方のみ記入してください。）

			前年	本年
水 　 稲 　 作	521	1		(1)
麦 　 作	522	1		(1)
大 　 豆 　 作	523	1		(1)
野 　 菜 　 作	524	1		(1)
果 　 樹 　 作	525	1		(1)
飼 料 用 作 物 作	526	1		(1)
工 芸 農 作 物 作	527	1		(1)
そ の 他 作 物 作	528	1		(1)
畜 　 産	529	1		(1)

【6】 農業経営の特徴

1 農業生産に関連した事業を行っていますか。該当するものすべてに〇を記入してください。（「農産物の加工」には、自家用分の加工を含めません。）

			前年	本年
行 っ て い な い	611	1		(1)
農 産 物 の 加 工	612	1		(1)
貸 農 園・体 験 農 園 等	613	1		(1)
観 光 農 園	614	1		(1)
農 家 民 宿	615	1		(1)
農 家 レ ス ト ラ ン	616	1		(1)
海 外 へ の 輸 出	617	1		(1)
そ の 他	618	1		(1)

以降の設問については、【1】1で農事組合法人、会社と回答された方のみ記入してください。

2 農業経営について、農業以外の業種（農協、市町村を除きます。）から資本金・出資金の提供を受けていますか。該当するものすべてに〇を記入してください。

				前年	本年
	提 供 を 受 け て い な い	711	1		(1)
提供を受けている	建 設 業・運 輸 業	712	1		(1)
	食品製造業・飲食サービス業	713	1		(1)
	飲 食 料 品 卸 売・小 売 業	714	1		(1)
	そ の 他	715	1		(1)

4 後継者を確保している場合は、該当する後継者に〇をしてください。

			前年	本年
親族	子 　 供	731	1	(1)
	子 供 以 外 の 親 族	732	2	(2)
上 記 以 外 の 従 業 員		733	3	(3)
社 外 の 人 材		734	4	(4)

3 組織の後継者を確保していますか。該当するものに〇を記入してください。

		前年	本年
確 保 し て い る	721	1	(1)
確 保 し て い な い	722	2	(2)

調査はここで終わりです。
ご協力ありがとうございました。

※ 本調査票はUDフォント
（UD＝Universal Design）
を使用しています。

連　絡　先

電 話 番 号

- 4 -

農林水産省使用欄			
都道府県コード	管理コード	整理番号	枝番号
・・	・・	・・・・・	・・
・・	・・	・・・・・	・・

秘
農林水産省

1	0	9	1

統計法に基づく国の
統計調査です。調査
票情報の秘密の保護
に万全を期します。
政府統計

新規就農者調査
就業状態調査票

この調査は、自営農業に従事された農家世帯員の方々の過去2年間の就業状態（生活の主な状態）についてお伺いし、自営農業に新たに従事した方々を把握するものです。

［調査票にご記入いただいた内容は、統計法の規定により適正に管理され、秘密の保護には万全を期していますので、ありのままをご回答ください。］

調査票の記入及び提出は、オンラインでも可能です。
オンラインによる回答方法は、「オンライン調査システム操作ガイド」をご参照ください。

記入の際は黒色の濃い鉛筆を使用してください。

記入見本 ①

記入見本 | 0 | 1 | 2 | 3 | 4 | 5 | 6 | 7 | 8 | 9 |

問1　お宅の農業経営の状況（平成31年2月1日現在）について
　　　「1」又は「2」のどちらかの番号を選択してください。

【家族で自営農業を営んでいる】 ・ご家族の中に1人でも自営農業を営んでいる方がいる場合 ・一人暮らしで自営農業を営んでいる場合　など	①
【上記以外】 ・自営農業をやめた場合 ・集落営農等へ所有している農地をすべて貸し出している場合　など	②

⇨ 裏面の問2へお進みください。

⇨ 「2」を選ばれた方は、調査は終了です。
　　同封の返信用封筒に折り入れてご返送ください。

問2　満15歳以上の同居されている家族（家族の代表者自身も含みます。）のうち、この1年間（平成30年2月～平成31年1月）に1日以上自営農業に従事した方について、それぞれ該当する番号に○をしてください。（1人につき1行で記入してください。）

記入いただく方が7人以上の場合は、「ご協力のお願い」に記載した《連絡先》までお知らせください。

	性別（どちらか1つに○印）		満15歳以上の世帯員の出生の年月（出生の年月）該当する元号と出生の年月を記入してください。						生活の主な状態（従事した日数の一番多いもの）この1年間（平成30年2月～平成31年1月）いずれか1つに○印							さらに1年前（平成29年2月～平成30年1月）いずれか1つに○印					
	男	女	元号（明治・大正・昭和・平成）				年	月	農業（自営農業／農業法人等に勤務）			農業以外の自営業	農業以外に勤務	家事・育児	学生	その他	農業（自営農業／農業法人等に勤務）		農業以外の自営業	農業以外に勤務	家事・育児	学生	その他
1人目	①	②	①明治 ②大正 ③昭和 ④平成						①		④	⑤	⑥	⑦	⑧	⑨	①	④	⑤	⑥	⑦	⑧	⑨
2人目	①	②	① ② ③ ④						①		④	⑤	⑥	⑦	⑧	⑨	①	④	⑤	⑥	⑦	⑧	⑨
3人目	①	②	① ② ③ ④						①		④	⑤	⑥	⑦	⑧	⑨	①	④	⑤	⑥	⑦	⑧	⑨
4人目	①	②	① ② ③ ④						①		④	⑤	⑥	⑦	⑧	⑨	①	④	⑤	⑥	⑦	⑧	⑨
5人目	①	②	① ② ③ ④						①		④	⑤	⑥	⑦	⑧	⑨	①	④	⑤	⑥	⑦	⑧	⑨
6人目	①	②	① ② ③ ④						①		④	⑤	⑥	⑦	⑧	⑨	①	④	⑤	⑥	⑦	⑧	⑨
合計（人）満15歳以上の人																						

（自営農業欄の注記）
※新たに部門を継承した経営とは別
※親の経営を新たに継承した経営とは別
①及び④～⑨は、いずれか1つに○印
②及び③は該当すれば○印

※「新たに親の経営を継承した」とは、この1年間（平成30年2月～平成31年1月）に、親の経営を継承して経営の責任者になった方をいう。
「親の経営とは別部門を新たに開始」とは、この1年間（平成30年2月～平成31年1月）に、新たに親とは別部門での経営を開始し、その部門での経営の責任者になった方をいう。

<記入例>

合計	0	1																						
1人目	①	②	① ② ③ ④			6	3	0	1	①	②	①		⑤	⑥	⑦	⑧	⑨	①	④	⑤	⑥	⑦	⑧	⑨

1人目：男性（「1」）、昭和63年（「3」）1月生まれ。この1年間に、親の経営していた水稲部門を継承（「2」）して、自営農業に従事（「1」）。その前年は一般企業の会社員（「6」）。

調査は問2で終了です。ご協力ありがとうございました。同封の返信用封筒に調査票を折り入れてご返送ください。

※　本調査票はUDフォント（UD-Universal Design）を使用しています。

秘　農林水産省

| 1 | 1 | 0 | 1 |

入力方向 ⇧ ⇧ ⇧

農林水産省使用欄

都道府県コード	管理コード	整理番号	枝番号
・・	・	・・・・・	・・

新規就農者調査
新規雇用者調査票

この調査は、農業を営まれる法人等の新規雇用状況についてお伺いし、法人等に雇用された新規就農者を把握するものです。

〔調査票にご記入いただいた内容は、統計法の規定により適正に管理され、秘密の保護には万全を期していますので、ありのままをご回答ください。〕

調査票の記入及び提出は、オンラインでも可能です。
オンラインによる回答方法は、「オンライン調査システム操作ガイド」をご参照ください。

記入の際は黒色の濃い鉛筆を使用してください。

記入見本 ①

記入見本 0 1 2 3 4 5 6 7 8 9

問1　この1年間(平成30年2月～31年1月)に新たに雇用(あらかじめ年間7か月以上の契約)した方はいますか。
「1」、「2」又は「3」のいずれかの番号を選択し○をしてください。

【新たに雇用した方がいる場合】
日雇・季節雇用や外国人研修生・外国人技能実習生は含みません。　①

⇧ 次の問2の記入にお進みください。

【農業経営を行っているが、新たに雇用した方がいない場合】　②

⇧ 「2」を選ばれた方は、次の問2の記入は終了です。同封の返信用封筒に折り入れてご返送ください。

【農業経営を行っていない場合】　③

⇧ 「3」を選ばれた方は、調査は終了です。同封の返信用封筒に折り入れてご返送ください。

問2　この1年間(平成30年2月～31年1月)の農産物の販売金額(売上高)の合計(畜産物、まゆ、栽培きのこ、養蜂も含みます。)について、該当するものに○をしてください。

販売なし		①
50万円 ~	100万円 未満	②
100 ~	200万円 未満	③
200 ~	300万円 未満	④
300 ~	500万円 未満	⑤
500 ~	700万円 未満	⑥
700 ~	1,000万円 未満	⑦
1,000 ~	1,500万円 未満	⑧
1,500 ~	2,000万円 未満	⑨
2,000 ~	3,000万円 未満	⑩
3,000 ~	5,000万円 未満	⑪
5,000万 ~	1億円 未満	⑫
1 ~	3億円 未満	⑬
3 ~	5億円 未満	⑭
5億円 以上		⑮

問3 この1年間（平成30年2月～31年1月）に新たに雇用した方について、それぞれ該当する番号に○をしてください。
（日雇・季節雇や外国人研修生・外国人技能実習生は含みません。）

	性別 どちらか1つに○印		満　年齢（平成31年2月1日現在の年齢） いずれか1つに○印									出　身 どちらか1つに○印		就業上の地位 どちらか1つに○印		仕事の内容 当てはまるものすべてに○印		雇用される直前の主な就業状態 いずれか1つに○印						
	男	女	15～19歳	20～29	30～39	40～44	45～49	50～59	60～64	65歳以上		農家	非農家	役員・構成員	その他	農作業	農作業以外	農業 自営農業	農業 農業法人等に勤務	農業以外の自営業	農業以外に勤務	家事・育児	学生	その他
01人目	①	②	①	②	③	④	⑤	⑥	⑦	⑧		①	②	①	②	①	②	①	②	③	④	⑤	⑥	⑦
02人目	①	②	①	②	③	④	⑤	⑥	⑦	⑧		①	②	①	②	①	②	①	②	③	④	⑤	⑥	⑦
03人目	①	②	①	②	③	④	⑤	⑥	⑦	⑧		①	②	①	②	①	②	①	②	③	④	⑤	⑥	⑦
04人目	①	②	①	②	③	④	⑤	⑥	⑦	⑧		①	②	①	②	①	②	①	②	③	④	⑤	⑥	⑦
05人目	①	②	①	②	③	④	⑤	⑥	⑦	⑧		①	②	①	②	①	②	①	②	③	④	⑤	⑥	⑦
06人目	①	②	①	②	③	④	⑤	⑥	⑦	⑧		①	②	①	②	①	②	①	②	③	④	⑤	⑥	⑦
07人目	①	②	①	②	③	④	⑤	⑥	⑦	⑧		①	②	①	②	①	②	①	②	③	④	⑤	⑥	⑦
08人目	①	②	①	②	③	④	⑤	⑥	⑦	⑧		①	②	①	②	①	②	①	②	③	④	⑤	⑥	⑦
09人目	①	②	①	②	③	④	⑤	⑥	⑦	⑧		①	②	①	②	①	②	①	②	③	④	⑤	⑥	⑦
10人目	①	②	①	②	③	④	⑤	⑥	⑦	⑧		①	②	①	②	①	②	①	②	③	④	⑤	⑥	⑦
合計（人） 満15歳以上の人																								

※ 記入いただく方が11人以上の場合は、「ご協力のお願い」に記載した《連絡先》までお知らせください。

<記入例>

	男	女	15～19歳	20～29	30～39	40～44	45～49	50～59	60～64	65歳以上	農家	非農家	役員・構成員	その他	農作業	農作業以外	自営農業	農業法人等に勤務	農業以外の自営業	農業以外に勤務	家事・育児	学生	その他
01人目	①	❷	①	❷	③	④	⑤	⑥	⑦	⑧	①	❷	①	❷	❶	❷	①	②	③	④	⑤	❻	⑦
02人目	❶	②	①	②	③	④	⑤	⑥	❼	⑧	❶	②	❶	②	❶	②	①	②	③	❹	⑤	⑥	⑦

1人目：女性「2」、23歳「2」、非農家出身「2」、農作業及び経理事務等に従事「1」及び「2」、雇用前は学生「6」、
2人目：男性「1」、60歳「7」、農家出身「1」、経営責任者（役員）「1」、農作業に従事「1」、雇用前は農業以外に勤務「4」

調査は問3で終了です。ご協力ありがとうございました。
同封の返信用封筒に折り入れてご返送ください。

※ 本調査票はUDフォント
（UD=Universal Design）
を使用しています。

統計法に基づく国の統計調査です。調査票情報の秘密の保護に万全を期します。

政府統計

				農林水産省使用欄	
	都道府県コード	管理コード		整理番号	枝番号

農業委員会名

`1 1 1 1`

新規就農者調査
新規参入者調査票

この調査は、貴農業委員会の管轄区域内で新規に農業経営を開始された方の状況についてお伺いし、農業への新規参入者を把握するものです。

調査票にご記入いただいた内容は、統計法の規定により適正に管理され、秘密の保護には万全を期していますので、ありのままをご回答ください。

○ **調査票の記入及び提出は、オンラインでも可能です。**
オンラインによる回答方法は、「オンライン調査システム操作ガイド」をご参照ください。

○ 黒色の鉛筆またはシャープペンシルで記入し、間違えた場合は、消しゴムできれいに消してください。

★ 数字は、1マスに1つずつ、枠からはみ出さないように記入してください。

記入例	0	1	2	3	4	5	6	7	8	9

すきまをあける　　　つなげる

★ 該当する場合は、下の記入例のようになぞってください。

記入例		/

＜記入上の注意＞

1　「新規参入者」とは、農業従事経験の有無を問わず、土地や資金等を独自に調達し、調査期日前1年間に新規で農業経営を開始した経営の責任者（1名）及び共同経営者をいいます。夫婦がそろって就農、あるいは複数の新規就農者が法人を新設して共同経営を行っている場合は、経営の責任者（1名）に加え、その配偶者又はその他の共同経営者については「共同経営者」として記入してください。

　　ただし、農家出身でUターンや退職等を機に、<u>相続・分家等により親の農地を譲り受けて農業経営を開始した方は含みません。</u>

2　「農業経営を開始」とは、次の定義のいずれかに該当する事業を開始した者をいいます。
　(1)　経営耕地面積が30アール以上の規模の農業を営む者
　(2)　農作物の作付面積又は栽培面積、家畜の飼養頭羽数又は出荷羽数その他の事業の規模が、次表の農業経営体の物的指標以上の規模の農業を営む者
　(3)　農作業の受託の事業を営む者

表　農業経営体の物的指標

露地野菜作付面積	15a
施設野菜栽培面積	350㎡
果樹栽培面積	10a
露地花き栽培面積	10a
施設花き栽培面積	250㎡
搾乳牛飼養頭数	1頭
肥育牛飼養頭数	1頭
豚飼養頭数	15頭
採卵鶏飼養羽数	150羽
ブロイラー年間出荷羽数	1,000羽
その他	調査期日前1年間における農業生産物の総販売額50万円に相当する事業の規模

入力方向

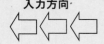

回答は裏面にお願いします。

問1　この１年間（平成30年２月～平成31年１月）に貴農業委員会の管轄区域内において、農業への新規参入者はいますか。該当するもの１つに必ず点線をなぞって選択してください。

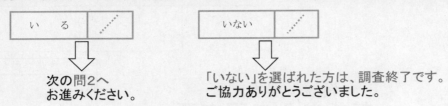

| い　る | ╱ |

| いない | ╱ |

次の問2へ
お進みください。

「いない」を選ばれた方は、調査終了です。
ご協力ありがとうございました。

問2　問１で「いる」とお答えいただいた新規参入者について記入してください。

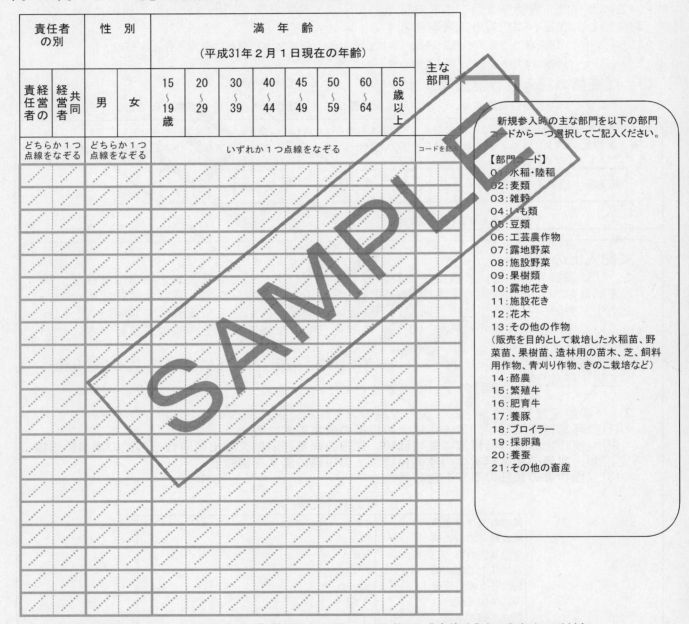

責任者の別		性　別		満　年　齢（平成31年２月１日現在の年齢）								主な部門
責経任営者の	経営者共同	男	女	15～19歳	20～29	30～39	40～44	45～49	50～59	60～64	65歳以上	
どちらか１つ点線をなぞる	どちらか１つ点線をなぞる			いずれか１つ点線をなぞる								コードを記入

新規参入時の主な部門を以下の部門コードから一つ選択してご記入ください。

【部門コード】
01：水稲・陸稲
02：麦類
03：雑穀
04：いも類
05：豆類
06：工芸農作物
07：露地野菜
08：施設野菜
09：果樹類
10：露地花き
11：施設花き
12：花木
13：その他の作物
（販売を目的として栽培した水稲苗、野菜苗、果樹苗、造林用の苗木、芝、飼料用作物、青刈り作物、きのこ栽培など）
14：酪農
15：繁殖牛
16：肥育牛
17：養豚
18：ブロイラー
19：採卵鶏
20：養蚕
21：その他の畜産

※　記入いただく方が21人以上の場合は、「ご協力のお願い」に記載した《連絡先》までお知らせください。

＜記入例＞

| ╱ | | ╱ | | | | | ╱ | | | | | 0 8 |
| ╱ | | | ╱ | | | ╱ | | | | | | 0 9 |

1人目：責任者の別（「経営の責任者」）、性別（「男」）、満年齢（「40～44歳」）、主な部門（「施設野菜」）
2人目：責任者の別（「共同経営者」）、性別（「女」）、満年齢（「30～39歳」）、主な部門（「果樹類」）

調査は問2で終了です。ご協力ありがとうございました。同封の返信用封筒に折り入れてご返送ください。

平成31年　農業構造動態調査報告書
　　　　（併載：新規就農者調査結果（平成30年））

令和2年4月　発行　　　　　　　定価は表紙に表示してあります。

編　集　〒100-8950　東京都千代田区霞が関1－2－1
　　　　農林水産省大臣官房統計部

発　行　〒153-0064　東京都目黒区下目黒3-9-13　目黒・炭やビル
　　　　一般財団法人　農林統計協会
　　　　振替　00190-5-70255　TEL 03(3492)2987

ISBN978-4-541-04311-5　C3061